Sozialwissenschaftliche Forschungen

Herausgegeben von der

Sozialwissenschaftlichen Arbeitsgemeinschaft

Abteilung II — Heft 1

Berlin und Leipzig

Walter de Gruyter & Co.

vormals G. J. Göschen'sche Verlagshandlung — J. Guttentag, Verlagsbuchhandlung
Georg Reimer — Karl J. Trübner — Veit & Comp.

1924

Die Organisation der Pflanzenzucht und des Saatbaus

in der deutschen Landwirtschaft

Von

Dr. Karl Heinrich Evers

Berlin und Leipzig

Walter de Gruyter & Co.

vormals G. J. Göschen'sche Verlagshandlung — J. Guttentag, Verlagsbuchhandlung
Georg Reimer — Karl J. Trübner — Veit & Comp.

1924

Angenommen auf Antrag von Dr. v. Dietze
durch den Abteilungsvorsteher Professor Dr. M. Sering.

Druck von Walter de Gruyter & Co., Berlin W. 10.

Inhaltsverzeichnis.

Literaturverzeichnis.

1. Aereboe: Neue Düngerwirtschaft ohne Auslandphosphate. 1922.
2. Appel: Die Pflanzkartoffel. 1918.
3. Appel: Die Anerkennung der Saatkartoffeln. Illustr. landw. Zeitung 1913 Nr. 16.
4. Alves: Klee- und Grassamenbau im Auslande. Mitteilungen der Deutschen Landwirtschaftsgesellschaft 1911, Stck. 22, 28, 31.
5. Ballod: Wieviel Menschen kann die Erde nähren? Schmollers Jahrbuch, 36. Jahrgang. 1912.
6. Baur: Die wissenschaftliche Grundlage der Pflanzenzüchtung. 1921.
7. Baumann: Zur Frage der Individual- und der Imunitätszüchtung bei der Kartoffel. Fühlings landw. Zeitung 1918.
8. Böhmer: Die Entwicklung der Sortenfrage.
9. Dix: Die Herrichtung des Verkaufssaatgutes. Mitteilungen der Deutschen Landwirtschaftsgesellschaft 1913, Stück 11.
10. Dix: Über Sortenprüfung. Fühlings landw. Zeitschrift 1918.
11. Dörfler: Saatenkörung. Illustr. landw. Zeitung 1916.
12. Doormann: Der Ackerbau in den vereinigten Staaten. Vossische Zeitung vom 5. Februar 1913.
13. Edler: Pflanzenzucht und Sortenwahl. Arbeiten der D. L. G. 1921.
14. Eisinger: Die Ernährung des deutschen Volkes eine Organisationsfrage der Erzeugung. 1921.
15. Fischer: Originalsaatgut und Vermehrungsanbau. Ztschr. f. Pflanzenzüchtung. Bd. VIII, Heft 3.
15a. Freckmann: Bedeutung der Futterpflanzenzüchtung. Jahrbuch 1921.
16. Frost: Agrarverfassung und Landwirtschaft in den Niederlanden. Berlin 1906.
17. Frost: Agrarverfassung und Landwirtschaft in Belgien. Berlin 1909.
18. Fruwirth: Wie kann sich der Landwirt Pflanzenzüchtung, Sortenversuche und Saatgutbau zunutze machen? Berlin 1906.
19. Fruwirth: Saatenanerkennung. Berlin 1918.
20. Fruwirth: Samenbau bei Rotklee. Mitteilungen der D. L. G. 1916, Nr. 19.
21. Fruwirth: Die Züchtung der landw. Kulturpflanzen.
22. Gisevius und Stutzer: Der Wettbewerb der dänischen und der schwedischen Landwirte mit Deutschland. 1904.
23. Gisevius: Über Gerstenbonitierung. Arbeiten der Kammer Halle 1908.
24. Gisevius: Die Organisation des Saatgutbaus. Arbeiten der Landwirtschaftskammer Halle 1908.
25. Gisevius: Staatliche Förderungsmittel zur Hebung der Pflanzenzucht. Beiträge zur Pflanzenzucht Heft 2.
26. Heinrich: Grundzüge der Saatprüfung. Fühlings landw. Zeitung 1918.
27. Haseloff: Wiederaufbau des landw. Versuchswesens. Jahrbuch der D. L. G. 1921.
28. Hillmann: Berichte über Sortenversuche 1913. Jahrbuch der D. L. G. 1914.
29. Hillmann: Die deutsche landwirtschaftliche Pflanzenzucht.
30. Holdefleiß: Landwirtschaftliche Pflanzenzüchtung. 1909.

31. Jacobsen: Die Landwirtschaft in Dänemark 1923, aus: Berichte über Landwirtschaft vom Reichsmin. f. Ern. und Landw.
32. v Kirchner: Die Grundlage der Immitätszüchtung. D. L. G. Jahrbuch 1921.
33. Kießling: Einiges über die gegenwärtige Förderung des Kleesamenbaus in Bayern. Mitteilungen der D. L. G. 1916, Stück 13.
34. Kießling: Die Entwicklung der Landeskultur in Bayern. Jahrbuch der D. L. G. 1922.
35. Kießling: Ackerbauvereine. 1913.
36. Kießling: Über die Bedeutung von Sortenwert und Saatgutzüchtung. 1910.
37. Kießling: Die züchterische Bearbeitung von Landsorten. Beiträge zur Pflanzenzucht Heft 2.
38. Kuhn: Die Steigerung der landwirtschaftlichen Bodenproduktion. Jahrbuch der D. L. G. 1922.
39. Leverenz: Die meistgebauten Pflanzenzuchten.
40. Lotsy: Die Entstehung der Arten. Beiträge zur Pflanzenzucht Heft 4.
41. Müller: Über Saatenkörung. Landw. illustr. Zeitung 1917, Nr. 7.
42. Merkel: Bericht über die Ergebnisse der D. L. G. Sortenversuche 1922. Vortrag, gehalten in der Saatzuchtabteilung der D. L. G. Erscheint im Druck in den Arbeiten der D. L. G.
43. Ramult: Die landwirtschaftlichen Zentralstellen und ihre Tätigkeit (in Belgien). Brüssel 1913.
44. Reitemeier: Geschichte der Züchtung landwirtschaftlicher Kulturpflanzen. Breslau 1904.
45. Remy: Neue Ziele der Pflanzenzucht. Beiträge zur Pflanzenzucht 1914.
46. Remy: Der Kartoffelbau. Mitteilungen der D. L. G. 1923, Stück 2.
47. v. Richthofen: Können wir unser Volk selbst ernähren? Deutsche Tageszeitung 1921.
48. v. Rümker: Die Bedeutung der Saatzucht. 1911.
49. v. Rümker: Der Saatbau und die Saatbauvereine. 1905.
50. v. Rümker: Landwirtschaft und Wissenschaft.
51. v. Rümker: Die staatliche Organisation der Sortenprüfung. 1918.
52. v. Rümker: Die Organisation der Pflanzenzüchtung. In Mitteilungen der D. L. G. 1909, Stück 6, 7.
53. v. Rümker: Über Organisation der Pflanzenzüchtung. Berlin 1909.
54. v. Rümker: Sortenauswahl bei Getreide. 1919.
55. v. Rümker: Methodik der Sortenprüfung.
56. v. Rümker und Tschermack: Landwirtschaftliche Studien in Nordamerika. Berlin. 1910.
57. v. Rümker: Das landwirtschaftliche Versuchswesen in den Vereinigten Staaten und in Preußen. Berlin 1911.
58. Skalweit: Die englische Landwirtschaft. 1915.
59. Scharnagel: Sortenversuche in Weihenstephan 1920/21. Illustr. landw. Zeitung 1921, 10. Sept.
60. Scharnagl: Mittel zur Produktionssteigerung auf unserem Ackerlande. Mitteilungen der bayerischen Landesbauernkammer 1921.
61. Schou: Die dänische Landwirtschaft. Thiels landw. Jahrbücher Bd. 42.
62. Stebutt: Der Stand der Pflanzenzucht in Rußland. Zeitschrift für Pflanzenzüchtung Heft 37. 1913.
63. Steglich: Förderung des Pflanzenbaus.
64. Strakosch: Das Problem der ungleichen Arbeitsleistung unserer Kulturpflanzen. 1907.
65. Teichmann: Die Vererbung. 1908.
66. Tischler: Die Chromosomen als Vererbungsträger. Jahrbuch der D. L. G. 1922.
67. Tschermack: Über Kreuzungszüchtung bei Getreidearten. Arbeiten der Landwirtschaftskammer Halle 1908.
68. de Vries: Befruchtung und Bastardierung. 1903.

69. Vogt: Ratgeber für Saatenanerkennung. 1919.
70. Weber: Leitsätze für die Anerkennung von Klee und Gräsern. Mitteilungen der D. L. G. 1918, Stück 20.
71. Werneck Willingrain: Der Sortenbau auf pflanzengeographischer Grundlage. Mitteilungen der D. L. G. 1922, Stück 49.
72. Wittmaack: Saatzucht und Saatbau auf der Nürnberger Ausstellung 1922. Jahrbuch der D. L. G. 1922.
73. Wohltmann: Saatgut und Pflanzenzüchtung in der Praxis. 1907.
74. Wohltmann: Die Grundbedingungen rationeller Pflanzenzüchtung. Beiträge zur Pflanzenzucht. Heft 1.
75. Wohltmann: Die Bedeutung der Sortenfrage für die Erhöhung der Reinerträge. Arbeiten der Landwirtschaftskammer Halle 1908.
76. Wohltmann: Die Lage unserer Pflanzenzüchtung. Arbeiten der Landwirtschaftskammer Halle 1908.
77. Zade: Futterbau und Futterpflanzenzüchtung. Arbeiten der D. L. G. 1921.
78. Die schwedische Pflanzenzüchtung zu Svalöf. Malmö 1913.
79. Das landwirtschaftliche Versuchswesen Preußens in den Jahren 1906 bis 1910. Berlin, Reichsdruckerei, 1912.
80. Geschäftsbericht der Landwirtschaftskammer Berlin für 1922.
81. Das landwirtschaftliche Bildungswesen. Schriftenvertrieb des Reichs-Landbundes, Heft 11, Januar 1923.
82. Sortenversuche der Deutschen Landwirtschaftsgesellschaft 1922.
83. Satzung der Gesellschaft zur Förderung der deutschen Pflanzenzucht.
84. Satzung der Kartoffelbaugesellschaft e. V.
85. Vortrag über Versuchsringe in der Deutschen Landwirtschaftsgesellschaft, Hauptversammlung Februar 1923, von Professor Roemer, Halle.
86. Vortrag über Anforderungen an eine moderne Saatzuchtwirtschaft von Dr. Klaus in der Saatzuchtabteilung der Deutschen Landwirtschaftsgesellschaft, Februar 1923.
87. Kartoffelsortenliste 1919/21, redigiert von Gisevius.

Zeitschriften.

1. Fühlings landwirtschaftliche Zeitschrift.
2. Illustrierte landwirtschaftliche Zeitung.
3. Jahrbücher der Deutschen Landwirtschaftsgesellschaft.
4. Mitteilungen der Deutschen Landwirtschaftsgesellschaft.
5. Thiels landwirtschaftliche Jahrbücher.
6. Zeitschrift für Pflanzenzüchtung.
7. Beiträge zur Pflanzenzucht.
8. Deutsche landwirtschaftliche Presse.
9. Kühns Archiv.
10. Illustrierte landwirtschaftliche Presse.
11. Die Kartoffel.
12. Der märkische Landwirt.
13. Mitteilungen der bayerischen Landesbauernkammer.
14. Journal für Landwirtschaft.
15. Die landwirtschaftlichen Versuchsstationen.
16. Farmers Bulletins } Herausgegeben vom U. S. A. Department of Agriculture.
17. Yearbook }

Einleitung.

Die Not der deutschen Wirtschaft findet ihren stärksten Ausdruck in dem Verfall der Reichsmarkwährung und in einer stark passiven Zahlungsbilanz. Bei dem starken Mißverhältnis zwischen Ausfuhr und Einfuhr erscheint es notwendig, die Grundlagen der deutschen Ernährungswirtschaft aufs genaueste zu prüfen; denn die Lebensmittel bilden einen besonders großen Einfuhrposten. Es gilt, die uns verbliebene wirtschaftliche Kraft anzuspannen, um die Ernährung Deutschlands aus dem eigenen Lande sicherzustellen. Durch richtige Organisation der landwirtschaftlichen Erzeugung kann dieses Ziel erreicht werden. Insbesondere bietet die Pflanzenzucht die Möglichkeit, unsere Ernährungsbasis in verhältnismäßig kurzer Zeit und ohne erheblichen Mehraufwand an Kapital und Arbeit zu erweitern. Diese Auffassung stützt sich auf die Erfahrungen der letzten Jahrzehnte.

Vom Jahre 1878 bis zum Jahre 1912 stieg nach der amtlichen Statistik im Reichsdurchschnitt die Erntemenge der wichtigsten landwirtschaftlichen Erzeugnisse in Zentnern auf der Flächeneinheit des preußischen Morgen, wie folgt:

Pflanzenart:	1878	1880	1901	1912	
Weizen	6,1	6,45	7,6	11,3	Zentner vom Morgen
Roggen	4,9	4,2	7,1	9,25	
Hafer	5,7	5,65	8,1	9,7	
Gerste	6,5	6,6	8,95	10,95	
Kartoffeln	40,5	35,5	73,35	75,—	

Die Gesamternte des Deutschen Reiches stieg von 1880 bis 1912 in Millionen Tonnen:

Jahr:	Roggen:	Weizen:	Hafer:	Gerste:	Kartoffeln:	
von 1880	4,9	2,3	4,2	2,1	19,5	Mill. to
auf 1912	11,6	4,3	8,5	3,5	50,2	„ „

Mag auch die in der Regel auf Schätzung beruhende Statistik quantitative Fehler aufweisen, so ändert dies nichts an dem Gesamtverhältnis, weil die Fehler sich in der gleichen Richtung bewegen.

Die Vermehrung der Gesamterntemenge ist nur in sehr beschränktem Maße durch Erweiterung der Ernteflächen erzielt. Der darauf entfallende Anteil kommt kaum in Betracht gegenüber der Ertragserhöhung auf der Flächeneinheit.

In den vorstehenden Tabellen blieben die Jahre seit Kriegsbeginn unberücksichtigt, weil die Ergebnisse der Statistik seit dieser Zeit nicht mehr vergleichbar sind. Die nachgewiesene Steigerung der Ernten von der Flächeneinheit fand in einem Zeitraum von rund dreißig Jahren statt.

Wenn heute trotz aller Kriegsschäden im Landwirtschaftsbetriebe die Führerschaft die bestimmte Überzeugung ausspricht, daß eine weitere Steigerung möglich sei, so gründet sie diese Ansicht auf die Erkenntnis, daß die Fortschritte der letzten fünfzig Jahre nur von einem kleinen Teil der besonders gut geleiteten landwirtschaftlichen Betriebe voll ausgenutzt worden sind. Die Masse, insbesondere der kleineren Wirtschaften, eignete sich die Verbesserungen nur in sehr unzulänglichem Maße an. Dadurch wird der Reichsdurchschnitt ganz erheblich gedrückt.

Die mögliche Ertragserhöhung kommt schlagend zum Ausdruck in den Vergleichszahlen, welche Professor Wohltmann aus seiner eigenen Vergangenheit von einem gut geleiteten Großbetriebe in Braunschweig mitteilt. Dieser Betrieb wies bereits 1875 Erträge auf, die den Reichsdurchschnitt um rund 100% übertrafen. Es wurden dort geerntet:

Pflanzenart	1875	1910	
Roggen	10	18	Zentner vom Morgen
Weizen	12	20	
Kartoffeln	70	150	

Diese Zahlen stehen keineswegs vereinzelt da. Im Jahre 1913 war der Reichsdurchschnitt 8,6 Zentner Roggen vom Morgen, der Durchschnitt in der Saatzuchtwirtschaft Petkus (Lochow) 13,3 Zentner. Für Weizen betrug der Durchschnittsertrag 1913 im Reich 10,35 Zentner, in Criewen dagegen 15,2 Zentner vom Morgen.

Nach den zuverlässigen Berechnungen des Reichsausschusses der deutschen Landwirtschaft [1]) genügt eine Gesamterhöhung unserer Erntemengen um rund 30%, um uns vom Auslande unabhängig zu machen. Diese Ertragssteigerung liegt durchaus im Bereiche des Möglichen.

---

[1]) Einen Teil des Materials enthält die Flugschrift des Reichsausschusses der deutschen Landwirtschaft: Das Hilfswerk der deutschen Landwirtschaft. Berlin 1922.

Die höheren Ernten der letzten Jahrzehnte sind im wesentlichen durch drei Faktoren erzielt:

1. Verbesserung der Bodenbearbeitung und -behandlung.
2. Rationelle Anwendung der künstlichen und natürlichen Dünger.
3. Verwendung veredelten Saatgutes.

Welcher von diesen Bedingungen die höchste Bedeutung zukommt, ist schwer zu entscheiden. Jeder einzelne der drei Faktoren kann nur im Verein mit den beiden anderen voll zur Auswirkung kommen. In der Vergangenheit sind die höheren Erträge in erster Linie auf die Verbesserung der Ackerkultur, demnächst auf die vermehrte Anwendung künstlichen Düngers zurückzuführen. Die Pflanzenzüchtung ist mit ihren hervorragenden Ergebnissen bisher nur von einer verhältnismäßig kleinen Anzahl von Betrieben voll gewürdigt worden.

Die zur Vergrößerung unseres Nahrungsmittelspielraums noch zur Verfügung stehenden Neulandflächen erfordern höchste Aufwendungen an Kapital und Arbeit, zudem kommen ihre Erträge uns erst nach mehreren Jahren zugute.

Von den vielen Vorschlägen, die sonst noch zur Hebung unserer Ackererträge gemacht sind (z. B. Anbau von Ölfrüchten zur Sicherstellung unserer Fettversorgung usw.), spielt keiner auch nur entfernt die Rolle, die für die Zukunft dem Saatbau und der Pflanzenzüchtung zukommt. Dafür sprechen folgende Gründe, die der Pflanzenzucht im Rahmen der deutschen Volkswirtschaft eine ganz besondere Bedeutung verleihen:

1. Keine andere Maßnahme kann zur Zeit unsere Erträge so schnell steigern, wie die Verwendung veredelten Saatgutes.

2. Wir sind in der Pflanzenzucht vom Ausland völlig unabhängig, keine Blockade kann uns diese technische und organisatorische Aufbauarbeit erschweren.

3. Der Mehraufwand an Arbeitskraft und Kapital beschränkt sich auf die verhältnismäßig geringe Anzahl von Zuchtstätten und Instituten. Die Masse der praktischen Betriebe kann veredeltes Saatgut ohne einen wesentlichen Mehraufwand an Kapital oder Arbeit verwenden.

Angesichts unserer trostlosen Finanz- und Wirtschaftslage sind die Führer unseres Volkes wirtschaftlich in einem Punkte einig: Wir müssen das Tempo auf dem Wege zur Gesundung unserer Wirtschaft so beschleunigen, daß wir das Ziel erreicht haben, ehe unser Wirtschaftskörper die innere Kraft zur Gesundung für immer verloren hat. Jedes Jahr, jeder Monat ist kostbar.

Zur Lösung der Ernährungskrise, zur Verbreiterung unserer Ernährungsbasis ist es erfreulicherweise nicht nötig, Kapital, Zeit oder Arbeit an ungewisse Versuche zu verschwenden, da uns die Mittel zur landwirtschaftlichen Produktionshebung in den Ergebnissen unserer Pflanzenzüchtung zur Verfügung stehen.

Es sei ein kurzer Blick auf die Grundlagen der Pflanzenzucht gestattet:

---

1. Kapitel.

Die wissenschaftlichen und praktischen Grundlagen der Pflanzenzucht.

Die praktische Pflanzenzüchtung beruht wie die Tierzucht auf der Kenntnis der Vererbungsgesetze. Jedes Lebewesen übernimmt von seinem Vorfahren gewisse Artmerkmale, die sich durch lange Generationen immer weitervererben. Die Wissenschaft versucht, die Vererbungsregeln zu erklären und vor allem zu ergründen, wie der Vorgang der Übertragung von Artmerkmalen nach unseren Wünschen beeinflußt werden kann. Die moderne Vererbungslehre baut sich auf den Forschungsergebnissen auf, zu denen um die Wende des letzten Jahrhunderts eine ganze Anzahl von Forschern durch Experimente und Beobachtung unter dem Mikroskop gekommen sind.

Diese Untersuchungen, u. a. von de Vries in Holland, von Correns und Boveri in Deutschland, von Tschermak in Wien angestellt, beschäftigten sich mit dem kleinsten uns bekannten selbständigen Teil lebender Wesen, mit der Zelle. Da sämtliche lebenden Individuen durch Zellen aufgebaut werden und insbesondere die geschlechtliche Fortpflanzung durch Vereinigung zweier Zellen (Samenzelle und Eizelle) geschieht, so gingen die Forscher den Vorgängen nach, die sich bei der Befruchtung abspielen.

Jede Zelle enthält als wichtigen Zentralkörper den sogenannten Zellkern. Er ist von einem feinen Häutchen umgeben und zeigt im Ruhezustand unter dem Mikroskop ein feines netzartiges Gerüst, das sich bei Zusatz von bestimmten Farbstoffen sehr stark färbt und deshalb Chromatin genannt wird. Im Augenblick der Befruchtung einer weiblichen Fortpflanzungszelle durch die männliche Samenzelle beginnt der Aufbau eines neuen Individuums durch Zellteilung[1]). Diese setzt ein mit einer leichten

---

[1]) Um Mißverständnissen vorzubeugen, sei bemerkt, daß das „Samenkorn“ einer Pflanze eine bereits befruchtete Eizelle darstellt, sozusagen ein Embryo, bei dem die weitere Zellteilung bis zur Aussaat ruht.

Einschnürung der Zelle. Aus dem Netzwerk des Chromatins bildet sich eine Anzahl länglich geformter, fest umrissener Körper, die sich zu einem deutlich sichtbaren System gruppieren. Dieses ordnet sich zwischen zwei im Zellkern sich gleichfalls neu bildenden, kristallinisch anmutenden Strahlenbündeln.

In diesem Augenblicke lassen sich die Körperchen genau zählen; sie werden Chromosomen genannt. Sie haben für jede einzelne Tier- oder Pflanzenart regelmäßig die gleiche Zahl und treten immer paarweise in geraden Zahlen auf. Der Weizen hat zum Beispiel 16 Chromosomen. Die Wissenschaft sieht in diesen Chromosomen die Träger der Vererbung.

Nachdem die Chromosomen sich zwischen den Strahlenbündeln geordnet haben, spalten sie sich in ihrer Längsrichtung zu völlig symmetrischen Hälften auf und nähern sich je zur Hälfte den vorerwähnten Strahlenbündeln. Gleich darauf schnürt sich die Zelle weiter ein und teilt sich, wobei um jedes Strahlenbündel mit seinen Chromosomen ein neuer Zellkern entsteht. Die Teilung der Zelle ist vollendet, zwei neue Zellen und mit ihnen zwei neue Zellkerne sind entstanden. In den neuen Zellkernen ist wieder genau die gleiche Zahl Chromosomen vorhanden, die vorher — vor Beginn der Teilung — in dem Kern der Ausgangszelle vorhanden war.

Die Chromosomen zerfließen nach vollendeter Zellteilung in den Zellkernen wieder zu dem Netzwerk, das wir vor Beginn der Zellteilung in der Ausgangszelle vorfanden. Die einzelnen Zellen teilen sich dann ganz regelmäßig immer weiter nach dem gleichen Prinzip. Sobald die Zelle sich zur Teilung anschickt, stellen sich die Chromosomen in der gleichen Ordnung auf, spalten sich in ihrer Längsrichtung und gehen, von den Strahlenbündeln angezogen (unter genauester Innehaltung der Teilung in gleicher Zahl), in die neuen Zellen über. Nur bei einer bestimmten Art Zellen ist dies nicht der Fall. Und zwar sind dies die Zellen, die als Fortpflanzungszellen (Samen- oder Eizellen) bestimmt sind. Bei ihnen geht einmal eine Zellteilung vor sich, ohne daß sich die Chromosomen mit aufspalten. Es entstehen also Zellen mit halber Chromosomenzahl. Das ist im ersten Augenblick überraschend; der Sinn dieser äußerlich unvollkommenen Spaltung wird aber sofort klar, wenn man sich den Befruchtungsvorgang bei geschlechtlich sich vermehrenden Individuen vergegenwärtigt.

Die Samenzelle dringt in die weibliche Eizelle ein und bildet mit ihr zusammen zunächst eine Zelle mit einem Zellkern. Würde jede der beiden Fortpflanzungszellen die volle Chromosomenzahl mitbringen, so erhielte die befruchtete Eizelle doppelt soviel Chromosomen, als der Art zukommen. Dieser Vorgang würde schnell in den weiteren Generationen die Chromosomenzahl ins Ungemessene steigern. Einer solchen unbegrenzten Vermehrung beugt die Herabsetzung der Chromosomenzahl auf die Hälfte bei Bildung der Fortpflanzungszellen vor.

Wenn die Chromosomen die Artmerkmale körperlich übertragen, so könnte man auf den Gedanken kommen, daß die halbe Chromosomenzahl in der Samen- oder in der Eizelle auch nur die Hälfte der Erbeinheiten überträgt, die zum Aufbau eines Individuums erforderlich sind. Das wunderbar sicher arbeitende Naturgesetz hat aber dafür gesorgt, daß bei der Herab-

Schema der Chromosomenspaltung bei der Zellteilung.

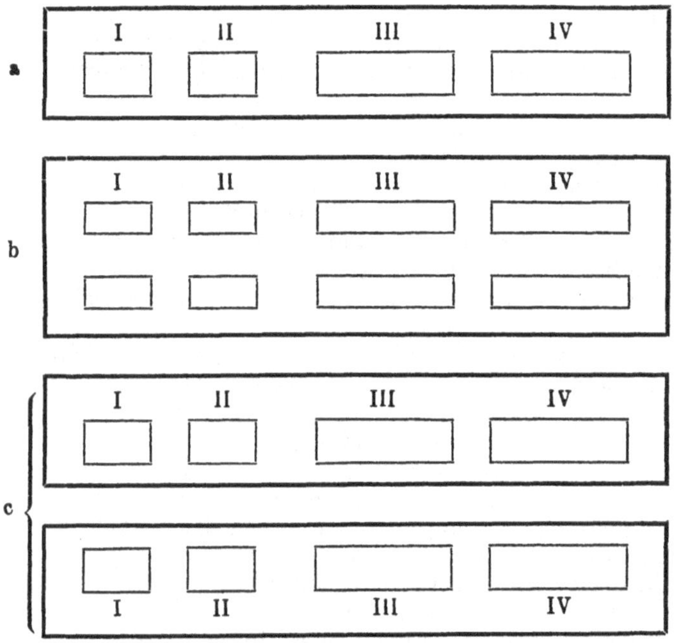

Erläuterung: a = Zelle vor Beginn der Teilung.
b = Aufspaltung der Chromosomen.
c = Vollzogene Zellteilung.

setzung der Chromosomenzahl nur die Doppelanlage für die Fortpflanzungszellen verloren geht. Erst im Augenblick der Befruchtung tritt wieder die Doppelanlage ein.

Sowohl aus der Samen- wie aus der Eizelle kann sich trotz halber Chromosomenzahl ein vollständiges Individuum bilden, ohne daß eine Befruchtung eintritt. Eins der bekanntesten Beispiele für diese Erscheinung ist die Zeugung von Bienen aus unbefruchteten Eiern der Königin. Durch Experimente ist aber erwiesen, daß sowohl in der vom Vater kommenden Samenzelle wie in der weiblichen Eizelle sämtliche Erbeinheiten vorhanden sind. Das Kreuzungsprodukt besitzt also die Möglichkeit, vom Vater und von der Mutter alle vorhandenen Artmerkmale fortzupflanzen. In diesen Erkenntnissen über die Chromosomen der Fortpflanzungszellen erblickt die Wissenschaft die wichtigste Grundlage, um das Wesen der Vererbung zu erklären.

Die in der modernen Pflanzenzüchtung vorkommenden Individuen weisen allerdings eine so große Zahl von verschiedenen Artmerkmalen auf, daß es nicht leicht ist, den Vererbungsvorgängen bis ins einzelne für jedes Merkmal nachzugehen. Die Kombinationen, die bei Kreuzung zweier Individuen eintreten können, sind zahllos, und die Systeme, in denen einzelne Erbeinheiten von väterlicher und mütterlicher Seite in dem Kreuzungsprodukt sich koppeln, sind noch wenig erforscht. Es stehen aber bestimmte Merkmale mit einer gewissen Regelmäßigkeit in einem Gegenseitigkeitsverhältnis zueinander. Wir nennen dieses Verhältnis Korrelation. Aus diesen Korrelationen lassen sich für die praktische Züchtung wichtige Schlüsse ziehen. Besteht zum Beispiel beim Getreide zwischen der Samenfarbe und der Winterfestigkeit eine Korrelation, so kann man die Auslese auf Winterfestigkeit nach der Farbe vornehmen. Leider sind solche Korrelationen von äußeren Merkmalen zu den wichtigsten inneren Eigenschaften unserer Feldfrüchte, z. B. für Winterfestigkeit und hohen Ertrag, in der Regel noch nicht gefunden. Vermutlich sind gerade die wichtigsten Nutzeigenschaften nicht an einzelne Erbeinheiten geknüpft, sondern das Ergebnis eines Zusammenwirkens einer großen Zahl von Erbeinheiten.

Die Vererbungslehre stand in ihren Grundzügen bereits fest, als sie im Jahre 1900/1901 eine überraschende Bestätigung und Ergänzung fand durch die Wiederauffindung der Mendelschen Spaltungsgesetze im Rahmen der Vererbung. Gregor Mendel, 1822 in Österreich geboren, studierte als Mönch Naturwissenschaft und war einige Jahre an einer Schule in Brünn Lehrer der Naturkunde. Er stellte in dieser Zeit Versuche über Vererbung bei Pflanzen durch Kreuzung an. Das außerordentlich wichtige Ergebnis seiner Untersuchungen übergab er dem Naturforscher Nägeli, der aber von den Forschungen keinen Gebrauch machte. Da Gregor Mendel bald wieder als Abt in sein Kloster zurückging, wo er sich diesen Studien nicht weiter widmen konnte, geriet das Material in Vergessenheit. Tschermak in Wien hat dann die Mendelschen Regeln um das Jahr 1900 neu entdeckt. Sie lassen sich an einem praktischen Beispiel am schnellsten klarmachen:

Mendel kreuzte eine weißblühende mit einer rotblühenden „Mirabilis Jalapa“ und säte den Samen aus. Die erste Generation, wir wollen sie F 1 nennen, ergab bei der Blüte überraschenderweise lauter rosa Blüten. Mendel säte wiederum den Samen aus

Mendelsche Regel bei Kreuzung von roter und weißer Mirabilis Jalapa.

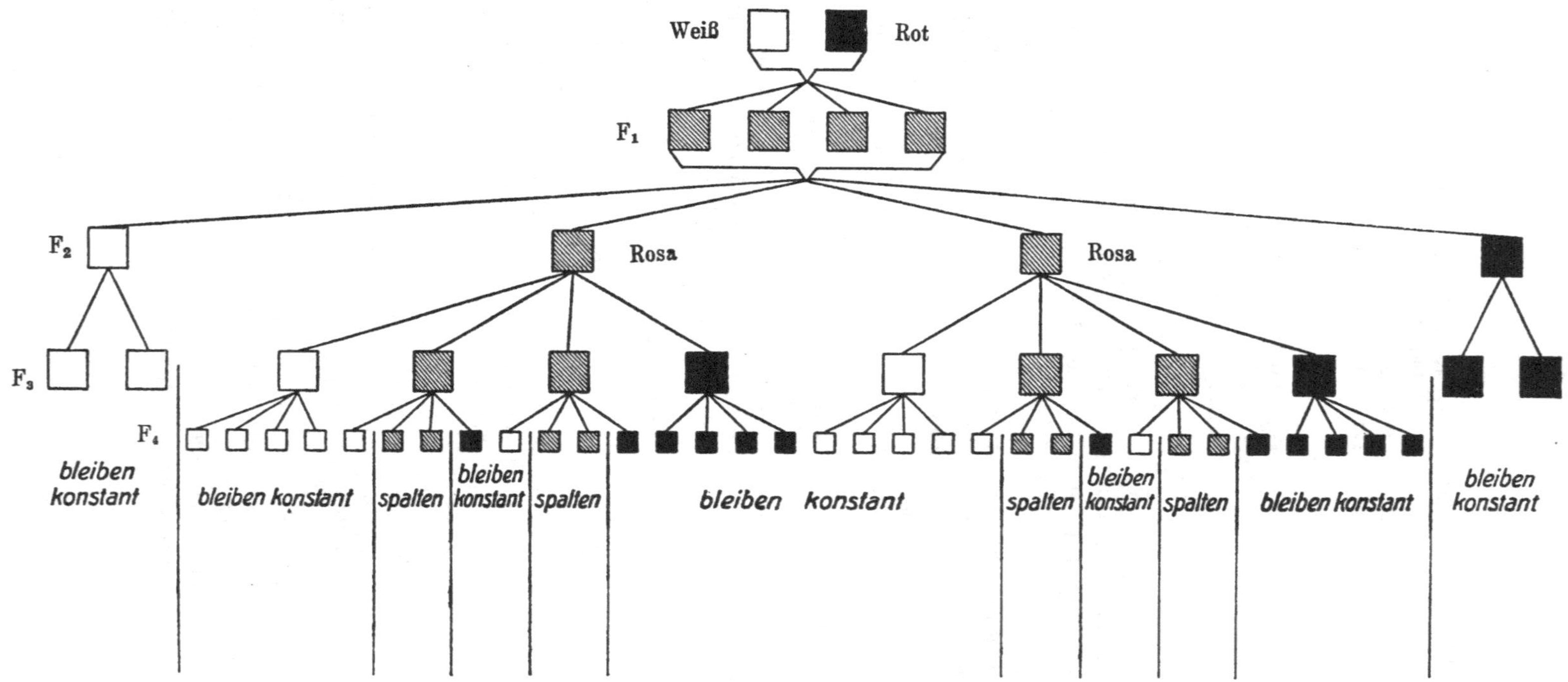

und erhielt in der zweiten Generation F 2 rotblühende, weißblühende und rosablühende Pflanzen in folgendem Verhältnis: von hundert Pflanzen blühten durchschnittlich fünfzig rosa, fünfundzwanzig weiß und fünfundzwanzig rot.

In der dritten Generation (F 3) zeigte sich bei getrennter Aussaat des von jeder Pflanze abgenommenen Samens, daß die weißblühenden F 2-Pflanzen sämtlich weißblühende F 3-Pflanzen lieferten. Ebenso blieben die Nachkommen der roten F 2-Pflanzen in der dritten Generation sämtlich konstant rot. Die rosa blühenden Pflanzen aus F 2 ergaben bei der Vermehrung in F 3 wieder Nachkommen in drei verschiedenen Farben. Sie spalteten sich in weiß, rosa und rot. Wieder blieb ein Viertel weiß, ein Viertel rot, zwei Viertel rosa. In den folgenden Generationen setzte sich das Farbenspiel immer in der gleichen Weise fort. Es schieden sich regelmäßig in den gleichen Verhältnissen aus den rosa blühenden Pflanzen weiße und rote aus, die in der Vererbung ihre Farbe konstant behielten, während die rosa blühenden immer weiter sich spalteten. Bringen wir das Ergebnis in den Rahmen unserer Vererbungslehre, so klärt sich der Zusammenhang verhältnismäßig einfach auf: wir haben festgestellt, daß jedes Individuum von seinem Vater sowohl wie von seiner Mutter im Augenblick der Entstehung alle Erbeinheiten mitbekommt, die zum Aufbau eines vollständigen Individuums erforderlich sind. Die befruchtete Eizelle enthält also für jedes zu vererbende Merkmal ein Paar von Erbfaktoren; sie ist doppelt veranlagt. In unserem Falle bekommt die Pflanze „Mirabilis Jalapa“ bei der Kreuzung das Farbenmerkmal weiß und rot mit auf den Lebensweg. Das wirkt sich bei der aus der Kreuzung hervorgegangenen ersten Generation dahin aus, daß die Blüten rosa werden.

Nun tritt aber bei der Bildung der Fortpflanzungszellen, die später die zweite Generation F 2 aufbauen, die Herabsetzung der Chromosomenzahl auf die Hälfte ein. Die Natur hebt dadurch die doppelte Veranlagung für die Fortpflanzungszellen auf und teilt jeder Samenzelle bzw. Eizelle nur eine der beiden Anlagen zu. Die doppelte Veranlagung tritt erst wieder ein, wenn Samenzelle und Eizelle sich vereinigen.

Bei der Bildung der Fortpflanzungszellen der gekreuzten „Mirabilis Jalapa“ geht auf je vier Fortpflanzungszellen für zwei Zellen die Veranlagung rot, für zwei Zellen die Veranlagung weiß über.

Treffen jetzt bei der Selbstbefruchtung, wie sie hier angenommen wird, männliche und weibliche Fortpflanzungszellen zusammen, so finden sich sowohl auf der weiblichen Seite wie auf der männlichen Seite die Farbenveranlagungen in der gleichen

Zahl. Wir haben also zum Beispiel in hundert Samenzellen fünfzig weiße und fünfzig rote Veranlagungen, in hundert Eizellen auch wieder fünfzig weiße und fünfzig rote.

Es ist nunmehr ein einfaches Rechenexempel festzustellen, in welchen Kombinationen diese beiden Veranlagungen bei der Befruchtung aufeinandertreffen können. Trifft eine Samenzelle rot mit einer Eizelle rot zusammen, so ist das neue Individuum, das ja nunmehr wieder doppelte Veranlagung hat, doppelt rot. Es wird also auf alle Fälle rot blühen.

Trifft eine Samenzelle weiß auf eine Eizelle weiß, so ist das neue Individuum doppelt weiß veranlagt.

Wenn aber eine Samenzelle rot auf eine Eizelle weiß (und umgekehrt) trifft, dann haben wir in der Farbe die gleiche Zusammensetzung, wie sie die Mutterpflanze in F 1 hatte, die durch künstliche Kreuzung von Mendel gezüchtet war. Die aus solcher Verbindung entstehenden Pflanzen blühen wieder rosa.

Nach der Wahrscheinlichkeitsrechnung werden im Durchschnitt immer folgende Kombinationen in annähernd gleicher Zahl auftreten; auf hundert Pflanzen 25 rot-rot, 25 rot-weiß, 25 weiß-rot und 25 weiß-weiß.

Wir kommen also ohne weiteres zu den Zahlen, die Mendel in einer großen Zahl von Versuchen festgestellt hat, nämlich zu dem Verhältnis 1 : 1 : 2. Der praktische Züchter muß daher bei einer Kreuzung immer damit rechnen, daß von den Nachkommen eine bestimmte Anzahl Pflanzen eine der gekreuzten Anlagen konstant bewahrt, während ein anderer Teil sie überhaupt nicht enthält und ein dritter Teil zwar die Eigenschaft zunächst aufweist, sie aber nicht konstant vererbt.

Die moderne Vererbungslehre auf der Grundlage der Chromosomentheorie und Mendels Versuche führten unabhängig voneinander zu denselben Ergebnissen. Daß sie Punkt für Punkt übereinstimmen und erst gemeinsam ein vollständiges Bild ergeben, erhöht die Sicherheit, mit der sich die Züchter auf diese Forschungen verlassen können.

In der Praxis liegen die Verhältnisse allerdings viel komplizierter, als sie hier an Hand eines einfachen Farbenbeispiels dargestellt sind; denn es wird ja nicht nur eine Eigenschaft einer Pflanze bei einer Kreuzung übertragen, sondern sämtliche Eigenschaften. Da jede einzelne Eigenschaft sich aber nach dem Mendelschen Spaltungsgesetz mit anderen Eigenschaften kombiniert, so ergibt sich in der Praxis eine Unzahl von Kombinationen, von denen nur wenige einen züchterischen Fortschritt bedeuten, und unter diesen wenigen ist wiederum nur selten eine Form, die sich konstant erweist, d. h. also ihre guten Eigenschaften mit Sicherheit auf ihre gesamte Nachkommenschaft überträgt. Erschwert wird die Beobachtung in der Praxis noch dadurch, daß der äußere Schein oft trügt. Die Kreuzungsprodukte zeigen nicht immer (wie dies bei dem obigen Farbenspiel der Fall war), was sie tatsächlich an Anlagen ererbt haben. Wenn wir zum Beispiel rote und weiße Erbsen kreuzen, so ist die gesamte erste Generation rot. Dem äußeren Anschein nach hat sich die weiße Farbe nicht vererbt. In den zweiten Generation zeigt diese Kreuzung drei Viertel rote und nur ein Viertel weiße Pflanzen. In der dritten Generation bleiben die weißen konstant. Von den roten bleibt ein Drittel konstant, zwei Drittel der roten spalten sich wieder in rote und weiße in dem Verhältnis drei Viertel zu einem Viertel.

Diese Erscheinung scheint den oben gegebenen Zahlen zu widersprechen. Sie erklärt sich aber daraus, daß Doppelanlagen vorkommen, die — gegeneinander abgewogen — verschieden stark sind. Hier dominiert die rote Erbsenfarbe über die weiße überall da, wo rote und weiße Veranlagung in einem Individuum zusammentreffen. Die weiße Farbe ist unterdrückt und kommt bei der Spaltung erst dann wieder zum Ausdruck, wenn doppelt weiße Veranlagung vorliegt.

Auch hier bleibt also das Mendelsche Spaltungsgesetz in Kraft, tritt aber äußerlich nicht so klar in die Erscheinung. Von hundert Pflanzen sind in der F2-Generation 25 doppelt rot, 25 rot-weiß, 25 weiß-rot und 25 doppelt weiß veranlagt. Da bei den Erbsen die rote Farbe gegenüber der weißen dominiert, kommt bei gemischter Veranlagung immer nur die rote Farbe zum Ausdruck, und wir erhalten, äußerlich betrachtet, 75 rote und 25 weiße Pflanzen.

Die Wissenschaft unterscheidet deshalb den Phänotypus vom Genotypus, die in der Theorie bei den konstanten Individuen einander kongruent sind. In der Praxis kann man aber sagen, daß fast nie der innere Erbwert (der Gesamtkomplex ererbter Anlagen) in der äußeren Form, dem Phänotypus, zum Ausdruck kommt. Und gerade hieraus muß der praktische Züchter die Folgerung ziehen, daß es niemals möglich ist, ein Zuchtprodukt, das ja stets eine ganze Anzahl von Merkmalen umfaßt, für die Dauer ohne Aufsicht zu lassen. Es ist vielmehr immer wieder neue Beobachtung, neue Untersuchung, neue Auslese erforderlich. Staat und Allgemeinheit haben daher in volkswirtschaftlichem Interesse dafür zu sorgen, daß die einmal erreichte Höhe in der Züchtung nicht verlorengeht. Diese Gefahr besteht vor allem dann, wenn die wirtschaftlichen Verhältnisse den privaten Züchter infolge dauernder privatwirtschaftlicher Verluste zur Aufgabe der Zucht veranlassen. Es muß für die Zukunft alles geschehen, um den Züchtern für ihre mühevolle, jahrzehntelange Arbeit eine Gewinnaussicht zu sichern. Im übrigen aber müssen auch die grundlegenden Tatsachen, auf denen sich die Vererbung aufbaut, allen Züchtern klargemacht werden, denn nur der Züchter kann wirklich rationell arbeiten, der sich in seinen Zuchtmethoden von den wissenschaftlich erforschten Grundgesetzen und nicht nur vom Gefühl leiten läßt.

Züchtungsverfahren.

Die praktische Züchtung hat in ihren Anfängen von den vorbeschriebenen wissenschaftlichen Grundlagen nichts gewußt. Sie begann mit einfachen Auslesemethoden.

Die bloße Massenauslese ist als rein empirisches Verfahren anzusehen, das auf die Dauer niemals einen großen züchterischen Fortschritt bringen kann. Die Massenauslese ist aber geeignet, den Verlust vorhandener guter Eigenschaften einigermaßen hintanzuhalten. Sie geht, ohne auf die Einzelindividuen als solche Rücksicht zu nehmen, davon aus, die schwersten und größten Samen von den übrigen zu trennen und sie als Saatgut für das nächste Jahr zu verwenden. Da nach unseren heutigen Erfahrungen das Gewicht in viel entscheidenderem Maße als die Größe die Güte des Saatgutes anzeigt, so muß die Massenauslese mit der Gewichtsauslese beginnen. Die Größe der Körner ist häufig von anderen Ursachen abhängig. Jedem Getreidezüchter ist bekannt, daß die größten Roggenkörner in vielen Fällen von schartigen Ähren stammen, bei denen infolge Nichtbefruchtung der benachbarten Blüten ein Einzelkorn besonders viel Raum zur Ausdehnung hat [21].

Nach den Gesetzen der Vererbung brauchen Pflanzen mit großen Körnern und reichen Fruchtständen durchaus nicht konstant zu sein. Und sie sind ohne Einzelauslese in der Mehrzahl der Fälle auch nicht konstant. Bei der Massenauslese ist es leider niemals möglich, Nachkommen mit schlechten Eigenschaften sicher auszuscheiden.

Ein Fortschritt gegenüber der Massenauslese ist die Individualauslese. Sie sucht einzelne Pflanzen heraus, die alle erwünschten Zuchtmerkmale zeigen, und sät ihren Samen auch auf getrennten Zuchtbeeten zur Vermehrung aus.

Den höchsten Grad der Auslese bildet dann die Individualauslese mit anschließender Stammbaumzüchtung. Geschieht diese Stammbaumzüchtung durch Inzucht bzw. Selbstbefruchtung, so nennt man diese Form: Zucht in reinen Linien. Die Zucht in reinen Linien ist ohne Zweifel diejenige Methode, die uns am ehesten und schnellsten Fortschritte erringen und für die Dauer erhalten kann. Bei ihr wird jede einzelne Pflanze, die zur Zucht ausgewählt ist, in ihrer Nachkommenschaft Korn für Korn einzeln ausgesät und die zweite Generation wird wiederum getrennt gehalten, so daß man genau wie in dem Stammbaum einer hochgezüchteten Tiergattung den Werdegang einer Pflanze in alle Generationen rückwärts bis zum Ausgangspunkt der Zucht verfolgen kann. Sämtliche Nachkommen werden aufs genaueste statistisch registriert. Ist man bei einer Generation in der Untersuchung und Beobachtung im Zuchtgarten auf einzelne besonders gute Exemplare gestoßen, so baut sich auf ihnen die Weiterzucht auf. Die Geschwister der Elitepflanze aber werden nach genügender Vermehrung zum Teil dem Verbrauch als Saatgut zugeführt, zum anderen Teil werden sie, soweit sie wertvoll genug erscheinen, als Beobachtungseliten weiter im Zuchtgarten behalten. Für die Fortzucht werden wieder nur einzelne Exemplare verwandt, die sich besonders hervortun.

Den Fortschritt der Züchtung macht die Statistik ersichtlich. Die Leiter von Pflanzenzuchtbetrieben und -instituten haben oft Tabellen und kurvenmäßige Darstellungen ihrer Zuchtergebnisse ausgearbeitet, die den Gesamtfortschritt unter Ausschaltung der zufälligen kleinen Einzelabweichungen deutlich zum Ausdruck bringen. Leider haben wir in Deutschland uns auf Grund unserer sehr verschiedenartigen Entwicklung noch nicht zu einheitlichen Mustern für die Aufzeichnung durchgerungen. Man kann zwar in einem einzelnen Zuchtbetriebe die Ergebnisse untereinander gut vergleichen, aber der Vergleich der Ergebnisse verschiedener Betriebe ist nur möglich, wenn züchterische Organisationen einheitliche Formulare und Bedingungen für einen bestimmten Züchterkreis vereinbaren [51].

Das Ausgangsmaterial für unsere Züchtungen kann verschiedenen Ursprungs sein. Unsere Landsorten, von denen ursprünglich die Züchtung ausging, stellen kein einheitliches Material dar. Sie sind vielmehr ein Formengemisch [12] und die Zucht beginnt hier mit der Formentrennung. Sie trennt aus dem Formengemisch diejenigen Formen heraus, die die erwünschten Zuchtmerkmale in besonders hohem Grade zeigen. Hieran schließt sich das Ausleseverfahren. Auf diese Weise entstehen unsere veredelten Landsorten, die in vieler Beziehung als das Rückgrat der Pflanzenzüchtung bezeichnet werden können. Sie zeichnen sich gegenüber den Hochzuchtsorten durch erheblich bessere Anpassung an die örtliche Lage, geringe Ansprüche, Gesundheit und Winterfestigkeit aus.

Demgegenüber bringen die Hochzuchtsorten höhere Erträge. Für bestimmte Verbrauchszwecke sind sie vielfach auch besser geeignet als die Landsorten und deswegen von den Abnehmern bevorzugt.

Die Hochzuchten sind in der Regel durch Neuzüchtung entstanden. Die Neuzüchtungen können entstehen als spontane Variationen (Mutationen) oder durch künstliche Kreuzung. Das Wesen der künstlichen Kreuzung ist ohne weiteres klar. Durch menschlichen Eingriff sind die Fortpflanzungszellen zweier verschiedener Sorten vereinigt. Man kreuzt auf diese Weise zwei Sorten derselben Art, deren günstige Eigenschaften man zusammenbringen will. Zum Beispiel versucht man eine winterfeste, aber wenig ertragreiche Weizensorte zu kreuzen mit einer sehr ertragreichen Sorte, die aber nicht genügend winterfest ist. Aus der Zahl der möglichen Kombinationen, die in der F 2-Generation entstehen, hofft man dann eine Anzahl Individuen auszuscheiden, bei denen sich die Merkmale der Winterfestigkeit und des hohen Ertrages vereinigt und zwar konstant vereinigt haben. Diese Pflanzen bilden den Ausgangspunkt für die Weiterzucht.

Neben der künstlichen Kreuzung bietet uns die Natur selbst durch die vorerwähnten spontanen Variationen geeignete Ausgangspunkte für Neuzüchtung dar. Ihre Entstehung ist umstritten und bedarf noch der Aufklärung durch die Fachwissenschaft. Man findet zum Beispiel in einem Felde von anscheinend ganz erbgleichen Pflanzen einer Sorte dann und wann eine Pflanze, die offensichtlich aus dem Rahmen fällt. Sie zeichnet sich gegenüber der Gesamtheit der übrigen Pflanzen durch Eigenschaften aus, die mit der Ausgangssorte nicht in Verbindung zu bringen sind. In einem Weizenfelde mit nackten Ähren findet sich eine Pflanze, die begrannte Ähren hat. Das läßt sich aus den natürlichen Anlagen der Sorte nicht ohne weiteres erklären. Der holländische Forscher de Vries hat solche Sprünge Mutationen genannt und darauf seine Mutationstheorie aufgebaut. Er sucht den Vorgang dadurch zu erklären, daß auf Grund besonderer innerer oder äußerer Einwirkungen (z. B. Störung des ökologischen Gleichgewichts) eine Vermehrung der Erbeinheiten eingetreten ist, und er schreibt die natürliche Fortentwicklung der Arten in der Hauptsache diesen Mutationen zu. Wir können auch künftig mit solchen Mutationen als Ausgangspunkt für die Neuzucht rechnen. Baut sich doch die schwedische Saatzucht in Svalöf zum guten Teil, und zwar mit bestem Erfolg, auf der Auslese spontaner Variationen (Mutationen) auf.

Erwähnenswert ist noch eine Auslesemethode bei Kartoffeln, die aber nicht zu den eigentlichen Zuchtmethoden zu rechnen ist: die Staudenauslese. Man unterscheidet negative und positive Staudenauslese. Die negative Staudenauslese beschränkt sich darauf, während der Vegetation die kranken und minderwertigen Stauden im Feldbestande auszumerzen, so daß eine gewisse Wahrscheinlichkeit besteht, bei der Ernte verhältnismäßig gesunde Knollen für die nächste Aussaat zu erhalten. Daneben erstreckt sich die Auslese auf die Ausmerzung fremder Sorten, die die angebaute Sorte verunreinigen.

Die positive Auslese ist erheblich erfolgreicher. Sie bezeichnet und beobachtet während der gesamten Vegetationszeit besonders leistungsfähig erscheinende Pflanzen. Anhaltspunkte sind: Schnelligkeit der Keimung, Anzahl der Triebe, Gesundheit und Farbe des Laubes, Zeit der Blüte, Zeit des Reifens. Bei der Ernte werden die vorher mit einem Stab oder Schild bezeichneten und registrierten Stauden einzeln geerntet und die ertragreichsten zur Weiterzucht verwandt. Durch dieses Verfahren kann man ein gesundes, leistungsfähiges Saatgut heranziehen, und, was besonders wertvoll ist: auch der kleinste bäuerliche Betrieb ist in der Lage, diese Auslesemethode anzuwenden, weil weder erhebliche Kosten für Maschinen entstehen, noch eine komplizierte Statistik erforderlich ist. Im wesentlichen ist die Staudenauslese durch einen Mehraufwand an Arbeit zu leisten. Allerdings gehört dazu ein aufgeklärter Bauernstand, wie ihn heute Holland, Dänemark, Schweden besitzen.

Auf diesen Zuchtmethoden hat sich in Deutschland ein außerordentlich reichhaltiger Pflanzenzuchtbetrieb entwickelt. Die Zuchtziele waren nicht zu allen Zeiten die gleichen, sie haben durch Verbreitung der wissenschaftlichen Forschungsergebnisse manche Veränderung erfahren. Anfangs richtete sich die Züchtung naturgemäß vorwiegend auf Erhöhung der Erträge. Später wurde für alle Züchter der Gedanke der Prophylaxe wichtig. Es ist festgestellt, daß die Widerstandsfähigkeit gegen Krankheiten in erster Linie erbliche Eigenschaft ist, die wie alle anderen Erbmerkmale mendelt [7]. Bei fast allen landwirtschaftlichen Kulturpflanzen besitzen wir heute Sorten, die auf Widerstandsfähigkeit gegen bestimmte Krankheiten gezüchtet sind. Der Fürst Hatzfeld-Weizen ist frei von Steinbrand. Wir haben Kartoffeln, die phytophthorafest sind, andere, deren Krebsfestigkeit erwiesen ist. Die Vererbung solcher Eigenschaften ist aber bei unseren landwirtschaftlichen Nutzpflanzen nur ausnahmsweise von einem einzigen Erbmerkmal abhängig. Wahrscheinlich ist ein ganzer Komplex von Merkmalen nötig, die nur selten in einer Sorte gemeinsam konstant sind. So konnte zum Beispiel die Württembergische Saatzuchtanstalt in Hohenheim unter 180 Weizensorten eine konstante Widerstandsfähigkeit gegen Rost nur bei 6 Sorten finden.

Von den äußeren Merkmalen einer Pflanze, Festigkeit des Halms, lockerer oder gedrungener Ährenbau, starke und schwache Bestockung, gibt es kaum eine, die züchterisch nicht erfolgreich behandelt wäre. Auch die chemischen Eigenschaften sind der Veredelung durch Züchtung durchaus zugänglich. Das glänzendste Beispiel ist unsere Zuckerrübe. Früher waren zur Erzeugung von 1 kg Zucker 17 kg Zuckerrüben nötig, heute brauchen wir dank vorzüglicher Züchterarbeit nur 6 kg

Rüben. Bei den Kartoffeln spielt der Stärkegehalt, die Kochfähigkeit, die Feinheit des Geschmacks, bei Gerste die Eignung für Futter-, Brau- und Brennereizwecke eine große Rolle. Ganz allgemein gelten als Zuchtziele für alle Pflanzen Erhöhung der Erträge, Gesundheit, Lagerbeständigkeit und hoher Gehalt an Nährstoffen. Jede Zucht hat mit großen Schwierigkeiten zu kämpfen. Klima, Bodenverhältnisse, Kapitalkraft und persönliche Eignung des Besitzers finden sich nicht immer passend zusammen. Beim Kleinbesitz sind die Gefahren der Fremdbestäubung groß.

Besonders schwer fällt die Erhaltung der Reinheit bei Kleearten. Im feldmäßigen Anbau sind Bestäubung und Befruchtung sehr unregelmäßig und vom Insektenflug abhängig. Große Mühe macht die Erhaltung der Konstanz bei der Kartoffel. Meist ist ein hoher Ertrag bei den Kartoffeln mit erhöhtem Wassergehalt verbunden. Dieser begünstigt wieder Abbauerscheinungen.

Trotz aller Hemmungen brachten die deutschen Hochzüchter die deutsche Pflanzenzucht aus eigener Kraft auf eine Höhe, wie sie kein anderes Land in solcher Vollständigkeit und Vielseitigkeit aufweisen kann.

Aus der Geschichte der deutschen Pflanzenzüchtung verdienen einige Namen besondere Erwähnung.

---

2. Kapitel.

Die Entwicklung der deutschen Pflanzenzucht.

Unter den ersten Züchtern, die sich der Sache systematisch widmeten, ragt Wilhelm Rimpau in Schlanstedt hervor. Als erster legte er die Ergebnisse seiner Arbeit in ausreichender Weise schriftlich nieder und machte sie damit für die Allgemeinheit nutzbar. Im Jahre 1867 begann Rimpau mit der planmäßigen Veredelungsauslese bei dem Probsteier Roggen, einer holsteinischen Landsorte. Später wandte er sich auch der Züchtung von Gerste, Weizen, Rüben und Hafer zu. Viele der von Rimpau angewandten Methoden sind heute noch grundlegend. Auch mit der künstlichen Kreuzung hat sich Rimpau bereits beschäftigt.

Die Züchtungsfortschritte der nächsten Jahrzehnte knüpfen sich an Namen, die noch heute guten Klang haben. Heine-Hadmersleben, Bestehorn, Beseler, Cimbal, Steiger, Heil, Arnim, Ackermann, Lochow, Strube und Kirsche sind die bekanntesten Getreidezüchter. Unter ihnen hat Lochow-Petkus mit seinem Petkuser Roggen unbestritten den größten Erfolg erzielt. Seine

Züchtung eroberte in ungeahntem Siegeszuge nicht nur Deutschland, sondern halb Europa. Das Geheimnis dieses Erfolges liegt in der sicheren Rente, die der Petkuser Roggen gewährt, weil er hohe Leistungen mit geringen Ansprüchen verknüpft. Sein assimilatorischer Effekt ist also innerhalb seiner Art besonders hoch.

Ein besonders dankbares Züchtungsgebiet bildete von jeher die Rübenzüchtung. Rimpau, Dippe-Quedlinburg, Strube-Schlanstedt, Mette-Quedlinburg und die Zuchtwirtschaften Klein-Wanzleben und Eckendorf (von Borries), ferner Kirsche-Pfiffelbach und Meier-Friedrichswerth haben in ihr Erfolge errungen. Das Zuchtziel war hoher Zuckergehalt. Eine Verdreifachung dieses Gehalts ist das Ergebnis der Züchterarbeit der letzten fünfzig Jahre.

Gleichfalls um die Mitte des 19. Jahrhunderts setzt die Kartoffelzüchtung ein. Den Anlaß gaben unaufgeklärte Abbauerscheinungen und Krankheiten, die aus Amerika herüberkamen. Der erste Züchter von Ruf war der aus Zwickau stammende Gärtner Richter, der mit großem Fleiß und unermüdlicher Energie an der Neuzüchtung der Kartoffel arbeitete und hier als erster die künstliche Kreuzung anwandte. Einige seiner ältesten Sorten bilden immer noch wichtige Grundpfeiler der deutschen Kartoffelzucht. Wir finden sie als Stammväter einer ganzen Anzahl neuer und besonders ertragreicher Sorten in den Stammbäumen vor. Inzwischen sind gerade auf dem Gebiete der Kartoffelzucht eine große Anzahl neuer Züchter aufgetreten. Die erfolgreichsten sind Paulsen, Cimbal, Thiele, Modrow, neuerdings besonders von Kamecke. Unter den Kartoffelsorten nimmt für das Rheinland Modrows „Industrie“ eine ähnliche Stellung ein wie der Petkuser Roggen in der Getreidezucht. Den Osten beherrschte eine Zeitlang als Speisekartoffel die von Herrn von Diest auf Daber aus Südamerika importierte, heute leider gänzlich abgebaute Dabersche. Sie verlor in den letzten Jahrzehnten ihre überragende Stellung völlig an die nach Professor Wohltmann benannte Züchtung. Auch die Wohltmann-Kartoffel zeigt bereits Abbauerscheinungen. Sie wird zwar wegen ihrer anerkannten Güte durch Staudenauslese von vielen Züchtern weiter bearbeitet, ihre Lebensenergie scheint aber zur Neige zu gehen, bald wird sie einer anderen Züchtung Platz machen müssen.

Auf allen Gebieten der landwirtschaftlichen Pflanzenzüchtung sehen wir eine rege Initiative privater Unternehmer. Einen guten Überblick gibt die von Wohltmann [75] für das Jahr 1910 aufgestellte Berechnung. Nach dieser gab es in Deutschland folgende Zahlen von Züchtern:

für Roggen	etwa	43
„ Weizen	„	61
„ Gerste	„	60
„ Hafer	„	53
„ Rüben	„	54
„ Hülsenfrüchte	„	28
„ Kartoffeln	„	17
„ Klee und Gras	„	8

Auffallend ist die geringe Zahl der Züchter für Gras und Klee. Die Erklärung ist naheliegend: das Ausland produziert billigeren Samen. Bei uns sind die Samenernten sehr unsicher. Ferner bedürfen die kleinen Samen einer viel exakteren Behandlung und Reinigung.

Ihr Absatz ist zudem unsicher, weil in guten Jahren der Überschuß nicht wie bei Getreide und Kartoffeln anderweit verwertet werden kann.

Im Jahre 1918 verteilten sich nach der amtlichen Statistik die Züchter von Wintergetreide wie folgt:

Provinz Ostpreußen	3
„ Brandenburg	7
„ Pommern	2
„ Sachsen	18
„ Westfalen	1
„ Hannover	3
„ Schlesien	6
„ Rheinland	2
Bayern	14
ehem. Königreich Sachsen	6

(Reichsanzeiger 1918 Nr. 188.)

Insgesamt beläuft sich die deutsche Ackerfläche, die mit Originalsaatgetreide bestellt ist, auf rund 66 000 Morgen. Bei einem Durchschnittserdrusch von 10 Zentnern reinen Saatguts vom Morgen würde das genügen, um nach dreijähriger Vermehrung die gesamte deutsche Getreideanbaufläche mit gutem Saatgut zu bestellen. Nach Berechnungen von Dr. Kuhn [1]) löst aber Originalsaatgetreide nur durchschnittlich alle 60 Jahre die bisher üblichen Saaten ab, und von der gesamten deutschen Getreideanbaufläche wird nur ein Zehntel mit Originalsaatgut und anerkannten Absaaten bestellt. Es findet also im Durchschnitt für das Deutsche Reich nur in jedem zehnten Jahr Saatwechsel statt.

Praktische Landwirte befaßten sich mit der Pflanzenzucht, lange bevor die Wissenschaft sich mit diesem Gebiet beschäftigte.

---

[1]) Nach seinen Mitteilungen in der Hauptversammlung der Deutschen Landwirtschaftsgesellschaft im Februar 1922.

Erst die glänzende Entwicklung der Naturwissenschaften in der zweiten Hälfte des 19. Jahrhunderts gab den Anstoß zur wissenschaftlichen Durchdringung der landwirtschaftlichen Pflanzenzucht. 1889 hielt von Rümker in Göttingen die erste Vorlesung über Pflanzenzucht.

Seitdem sind überall in Deutschland Pflanzenzuchtanstalten entstanden. In ihrer Arbeit besteht aber ein grundsätzlicher Unterschied zwischen Nord- und Süddeutschland, insbesondere zwischen Preußen und Bayern. Die preußischen Institute — in der Regel den Universitäten und landwirtschaftlichen Hochschulen angeschlossen — sind in erster Linie aus dem Lehrbedürfnis heraus entstanden, sie ressortieren vom Kultusministerium. Ihre Tätigkeit ging bisher vorwiegend auf das Theoretische, Demonstrative.

Am besten ist wohl zur Zeit die Universität Halle ausgestattet, die als erste Universität sich dank der umfassenden Wirksamkeit von Professor Kühn wissenschaftlich mit den Problemen der Landwirtschaft befaßte. Das Pflanzenzuchtinstitut dieser Universität wurde unter Wohltmanns Oberleitung 1910 neu erbaut und hat eine Reihe wertvoller Züchtungen geliefert.

Das Preußische Landwirtschaftsministerium bewies im pflanzenzüchterischen Ausbau seiner Institute eine auffallende Zurückhaltung. Der Grund war offensichtlich der erfolgreiche und vielseitige Zuchtbetrieb der großen Privatbetriebe, die ja in Preußen aus historischen Gründen führend waren. Der Staat wollte ihnen wohl keine Konkurrenz machen. Aber infolge dieser Zurückhaltung hat die Masse der Kleinbetriebe bisher nicht allzuviel Nutzen aus der Pflanzenzüchtung gezogen.

Ganz anders im vorwiegend bäuerlichen Süddeutschland! Hier fehlen die großen Betriebe, deren Leiter Kapital, Zeit und Passion aufbringen, um die durchaus nicht übermäßig rentable Aufgabe der Pflanzenzucht durchzuführen. So ergab es sich von selbst, daß der Staat hier erheblich stärker eingreifen mußte. Führend ist seit der Wende des Jahrhunderts Bayern mit der vorzüglich ausgebauten Pflanzenzuchtanstalt in Weihenstephan. Dem bayerischen Beispiel folgte Württemberg 1905 mit Hohenheim. Baden eröffnete 1908 in Hochburg gleichfalls eine Pflanzenzuchtanstalt. Die hoffnungsvolle Anstalt in Colmar entriß uns der Vertrag von Versailles. Besonders erfolgreich ist die Arbeit von Weihenstephan. Gegen tausend Ackerbauvereine mit etwa 32 000 Mitgliedern werden von Weihenstephan züchterisch geführt. Der enge Anschluß der Saatbauvereine an die Staatsinstitute bringt unserer Volkswirtschaft ungeheuren Nutzen. Von der Größe dieses Nutzens entwarf Kießling [35], der geistige Leiter von Weihenstephan, auf der vorjährigen Nürnberger Ausstellung ein anschauliches Bild. Ganz bewußt stützt Weihenstephan sich in seinen Zuchtbestrebungen auf die Veredelung alter bayerischer Landsorten, von denen die Frankengerste und der Fichtelgebirgshafer die bekanntesten sind. Im Jahre 1922 gab es in Bayern 112 Zuchtstellen für Getreide. Für Kartoffeln ist die Zahl der Zuchtstellen auf fast 1400 gewachsen. Außerdem waren rund 40 000 Morgen Ackerfläche zur Anerkennung der Nachbauten gemeldet.

Die deutschen Züchter, deren Zahl in den letzten Jahren dauernd gewachsen ist, haben bald die Notwendigkeit einheitlicher Organisation erkannt. Sie sind nahezu alle der Deutschen Landwirtschaftsgesellschaft angeschlossen. Aus der freiwilligen Mitarbeit der führenden Persönlichkeiten und Institute ist hier das geistige Zentrum der deutschen Pflanzenzucht entstanden. Die Saatstelle ermöglicht den Züchtern durch Vermittlung der Verkäufe auch den Absatz, und zwar unter ebenso zuverlässigen Bedingungen, wie sie in Svalöf üblich sind. Die Deutsche Landwirtschaftsgesellschaft, in den Jahren 1884 bis 1886 von Max Eyth nach dem Vorbilde der englischen Landwirtschaftsgesellschaft aufgebaut, hat unbestritten in Deutschland auf dem Gesamtgebiet der technischen Förderung der Landwirtschaft sich die erste Stelle errungen. Auch in der Pflanzenzucht ist sie führend, seit sie im Jahre 1889 mit Sortenversuchen begann. Das Hauptgebiet ihrer Saatzuchtabteilung sind die Hochzuchten, an die strenge Anforderungen in bezug auf zuverlässige wissenschaftliche und praktische Zuchtarbeit gestellt werden. In den alljährlich stattfindenden großen Ausstellungen der D. L. G. nimmt die Saatzucht regelmäßig einen breiten Raum ein. In den Jahresversammlungen werden die Erfahrungen von Züchtern und Wissenschaft ausgetauscht. Die Mitteilungen der D. L. G. bringen regelmäßig allen Mitgliedern Berichte über das Neueste auf dem Gebiete der Pflanzenzucht. Das umfangreiche Material, das die Sortenversuche erbringen, ist in den „Arbeiten" der D. L. G. niedergelegt. Auch Körperschaften und Institute haben sich in Anerkennung der hohen Leistungen der D. L. G. freiwillig ihren Bestimmungen untergeordnet. Etwa 20 Institute sind an den von der D. L. G. durchgeführten Vorprüfungen beteiligt.

Die D. L. G. befaßt sich aber vorwiegend nur mit dem technischen Teil der Pflanzenzucht. Aus diesem Grunde schlossen sich im Jahre 1908 die Züchter in einem Verbande zusammen, der sich die Wahrung der speziellen Züchterinteressen auch in wirtschaftlicher und wirtschaftspolitischer Richtung zur Aufgabe gemacht hat. Es ist dies die Gesellschaft zur Förderung der deutschen Pflanzenzucht. Sie hat ihren Sitz in Berlin und vertritt durch Zeitschriften (Beiträge zur Pflanzenzucht) und Versammlungen die Züchterinteressen, auch hat sie einheitliche Verkaufsbedingungen für Saatgut ausgearbeitet. Auf den Versammlungen, die alljährlich wechselnd an züchterisch wichtigen Orten tagen, kommen regelmäßig die ersten Forscher auf pflanzenzüchterischem Gebiet zu Wort.

Dem Ausgleich von kaufmännischen Differenzen dient ein von der Gesellschaft eingerichtetes Schiedsgericht. Die Organisation der Vermehrung des Originalsaatguts ist durch Aufstellung einheitlicher Vermehrungsverträge von der Gesellschaft gefördert worden. Aber auch die technische Förderung wird eifrig betrieben durch Anstellung praktischer Versuche. Um die Spezialfragen der einzelnen Pflanzengattungen intensiver bearbeiten zu können, hat die Gesellschaft für jede Pflanzengattung eine besondere Mitgliederabteilung eingerichtet.

Im Jahre 1921 gründeten die an der Züchtung beteiligten Verbände noch eine Hauptsaatstelle. Ihr fällt die Aufgabe zu, den gesamten Markt zu überwachen, ausgleichend in Angebot und Nachfrage und der Preisgestaltung zu wirken. Daneben pflegt sie auch die für die Zukunft so wichtigen Auslandsbeziehungen. Man hofft durch diese Einrichtungen den Züchtern die wirtschaftlich schwierige Lage zu erleichtern, in die sie durch die Unbeständigkeit unserer Währung gekommen sind. Zwischen der Hauptsaatstelle und der Gesellschaft zur Förderung der Pflanzenzucht besteht Personalunion.

---

3. Kapitel.

Sortenprüfung und -anerkennung.

Der Unzahl von Sorten auf dem Saatenmarkte stand früher der Landwirt rat- und hilflos gegenüber. Jeder Züchter pries seine Produkte, und aus den beigegebenen Beschreibungen mußte der harmlose Käufer entnehmen, daß nahezu jede Sorte für ihn das beste war. Schon in Getreide ist die Zahl der Sorten recht groß. In Hohenheim wurden zum Beispiel bisher insgesamt 360 Weizensorten einer Prüfung unterzogen. Bei den Kartoffeln überschreitet die Zahl der Sorten jedes vernünftige Maß; die von Gisevius herausgegebene, 1921 vervollständigte Liste enthält 1156 Sorten.

An dieser Stelle setzt deshalb die Sortenprüfung ein. Sie hat zunächst den Zweck, aus der Unzahl der vorhandenen und immer wieder neu auf den Markt kommenden Sorten auszuscheiden, was nicht den Anforderungen entspricht. Sodann soll sie im einzelnen ermitteln, für welche Zwecke die als brauchbar erwiesenen Sorten besonders geeignet sind. Die Sortenprüfung stellt nach den Ausführungen von Baumann auf der letzten Hauptversammlung der Saatzuchtabteilung der Deutschen Landwirtschaftsgesellschaft die Rennbahn dar, auf der, wie bei den Zuchtrennen der Pferde, die Sorten unter gleichen Bedingungen miteinander in Wettbewerb treten. Mit Hilfe der Sortenprüfung kann der Wert einer jeden Neuzüchtung gegenüber den Konkurrenten mit ziemlich großer Sicherheit abgewogen werden.

Einzelne derartige vergleichende Anbauversuche sind bereits früher gemacht worden. Eine systematische Prüfung in größerem Maßstabe setzte aber erst in den neunziger Jahren des letzten Jahrhunderts ein. Sie wurde in erster Linie gefördert und betrieben von der Deutschen Landwirtschaftsgesellschaft (seit 1889). Neben der Deutschen Landwirtschaftsgesellschaft haben sich um dieses Gebiet der Pflanzenzüchtung ganz besonders die wissenschaftlichen Institute der Universitäten, Landwirtschaftskammern usw. bemüht. Der außerordentliche Wert der Prüfungen wird täglich aufs neue durch die Ergebnisse bewiesen.

Im Jahre 1906 prüfte Kießling in Weihenstephan Kartoffelsorten, wobei die alte bayerische Landsorte „Regensburger" einen Ertrag von 48 Zentnern im Durchschnitt aufwies. Demgegenüber brachte in dem gleichen Versuch die Sorte „Bismarck" 155 Zentner vom Morgen. Im Jahre 1908 ergab bei einem Getreidesortenversuch die schlechteste Sorte 10 Zentner, der Petkuser 18 Zentner vom Morgen. Aber auch in allerneuester Zeit sind noch immer starke Unterschiede festzustellen. Im Prüfungsjahre 1921 brachte in Weihenstephan die beste Winterroggensorte 17,9 Zentner vom Morgen, die schlechteste 12,1 Zentner[51].

Die Notwendigkeit genauer Prüfung unter gleichen Bedingungen kann kaum schlagender bewiesen werden als durch die Tatsache, daß zwischen zwei wertvollen Zuchtsorten noch ein Unterschied von 50% im Ertrage möglich ist. Die Ergebnisse der Prüfung sind in vielfacher Hinsicht wertvoll.

1. Dem Verbraucher geben sie ein klares Bild, welche Sorten für ihn geeignet sind.
2. Den Züchter läßt die Sortenprüfung erkennen, in welcher Richtung seine Zuchtarbeit der Ergänzung bedarf.
3. Die Wissenschaft gewinnt ein vorzügliches statistisches Material, das besonders für den Aufbau einer Sortenkunde wertvoll ist.
4. Der unlautere Wettbewerb wird ausgeschaltet durch die Aufklärung der Öffentlichkeit über die Versuchsergebnisse. Wer sich scheut, seine Züchtungen in der Prüfung mit anderen in Wettbewerb treten zu lassen, von dem wird künftig nur noch der Dumme kaufen.

Die Prüfungen scheiden sich heute in zwei Gruppen: Vorprüfung und Hauptprüfung. In der Vorprüfung treten eine große Anzahl Sorten miteinander erstmalig in Konkurrenz. Die Fehler des Einzelversuchs werden ausgeschaltet durch gleichzeitige Wiederholung der Versuche an möglichst vielen Stellen. Die Wiederholung findet zum Beispiel auf dem Versuchsfelde eines Instituts auf einer Anzahl verschiedener Beete statt und außerdem noch unter Aufsicht der Institute in einer möglichst großen Zahl von Saatbaustellen. Von dem Umfang solcher Vorprüfungen geben die folgenden Zahlen ein Bild. Die Universität Gießen prüfte in ihrem landwirtschaftlichen Institut im Jahre 1907 und 1920

Pflanzenart	1907	1920
Weizen	36 Sorten	30 Sorten
Roggen	12 „	13 „
Gerste	6 „	10 „
Hafer	17 „	25 „
Kartoffeln	214 „	44 „

Die Landwirtschaftskammer der Provinz Brandenburg prüfte im Jahre 1922

Gerste	21 Sorten
Hafer	12 „
Kartoffeln	23 „

Diese Versuche wurden nach dem System von Rümker in vierfacher Wiederholung auf dem Versuchsgut Luisenhof der Landwirtschaftskammer durchgeführt.

Daneben hat die Landwirtschaftskammer auf ihrem zweiten Versuchsgut Haesen einen neuartigen Versuch mit Kartoffeln durchgeführt, der dazu angetan ist, das Vertrauen in das Prüfungs- und Anerkennungswesen noch mehr zu heben. Die Kammer veranlaßt sämtliche Betriebe, in denen sie Kartoffelfelder anerkannt hat, je 100 Knollen aus den anerkannten Feldern einzusenden. Diese 100 Knollen bleiben nun in dreijährigem Vergleichsanbau unter Aufsicht der Kammer. Die Ergebnisse kommen in der Zeitschrift der Kammer alljährlich zum Abdruck. Im Jahre 1923 sind 76 verschiedene Kartoffelsorten aus 544 verschiedenen Herkünften zum Vergleichsanbau gekommen. Die Kammer gewinnt durch diese Versuche über die Brauchbarkeit der Sorten wie über die Eignung der anerkannten Betriebe für die künftige Sicherstellung des Kartoffelsaatgutes in der Provinz Brandenburg ein besonders vollständiges Bild[86].

Im Anschluß an die Vorprüfungen werden die besten Sorten zu Hauptprüfungen herangezogen. Der Zweck der Hauptprüfung ist ein wesentlich anderer als der der Vorprüfung.

Während die Vorprüfung eine allgemeine Klassifizierung nach Leistung in einer großen Zahl von Sorten vornimmt, soll die Hauptprüfung die besten Sorten im feldmäßigen Anbau untersuchen und sie soll insbesondere feststellen, für welche Zwecke und für welche Verhältnisse die einzelnen Sorten besonders sich eignen. Wir haben bekanntlich keine Idealsorte, die alle Tugenden in sich vereinigt und sie unter allen Verhältnissen bewahrt. Der für die trockenen Böden der Mark auf Anspruchslosigkeit und geringes Wasserbedürfnis gezüchtete Petkuser Roggen oder der Altmärkische Vienauer Hafer kann auf den schweren Böden der Provinz Sachsen die ihm sich darbietenden Mengen an Nährstoffen usw. nicht voll verwerten und wird deshalb in Sachsen von Züchtungen geschlagen, die — um einen Ausdruck aus der Tierzucht zu übernehmen — auf hohe Mastfähigkeit gezüchtet sind. Letztere können in den armen Böden der Provinz Brandenburg ihre hohe Ertragfähigkeit nicht beweisen, weil sie hier die erforderlichen klimatischen und geologischen Vorbedingungen nicht vorfinden. Das Liebigsche Gesetz vom Minimum gilt auch für das Verhalten der Zuchtsorten. Sie entfalten ihre günstigen Eigenschaften nur in dem Maße, als ihnen das zusagende Verhältnis von Klima, Bodenkultur, Bodenstruktur und Düngung geboten wird.

Aus diesem Grunde kommt in den Hauptprüfungen der lokale Wert einer Sorte viel stärker zum Ausdruck als in den Vorprüfungen. Es findet also unter den besten Sorten eine Auslese nach speziellen Gesichtspunkten statt. In den Hauptprüfungen des letzten Jahres bei der Deutschen Landwirtschaftsgesellschaft hat der Petkuser Winterroggen mit einem Durchschnitt von 11,5 Zentnern die Konkurrenten im Ertrag wiederum geschlagen.

Im engsten Zusammenhang mit der Sortenprüfung verbreitete sich das Anerkennungswesen. Der Ursprung der Saatenanerkennung geht auf den Bund der Landwirte zurück. Dieser hat 1895 eine Saatgutabteilung eingerichtet, die den Mitgliedern rein gezüchtetes Saatgut vermitteln sollte. In der ein Jahr später begründeten Original-Saatgutkommission wurde auf Anregung eines praktischen Landwirts beschlossen, regelmäßig die Zuchtwirtschaften, deren Produkte den Mitgliedern empfohlen wurden, auch an Ort und Stelle zu besichtigen [83]. Die Besichtigung sollte den Vertrieb minderwertiger oder schlecht gepflegter Saaten unter Mitwirkung des Bundes verhindern. In der Saatgutkommission saßen die führenden Männer der deutschen Pflanzenzüchtung, Professor Wohltmann, Professor Märker, Fruhwirt, Kraus, Gerlach u. a. Diese Namen verbürgten von vornherein eine sachlich einwandfreie Arbeit. Aus den von der Saatgutkommission erstmals unternommenen Besichtigungsreisen hat sich das gesamte Anerkennungswesen entwickelt. Heute breitet sich ein Netz von anerkennenden Instituten und Körperschaften über das ganze Reich aus. In der Anerkennung der Originalzuchten ist die D. L. G. seit Jahrzehnten führend. Die Vielgestaltigkeit der Entwicklung führte leider an einigen Stellen zu Überkreuzungen. Ein Saatzuchtleiter seufzte deshalb einmal sehr mit Recht: „Das ist nun die dritte Kommission, die zwecks Anerkennung in unserem neuen Weizen herumläuft; wenn das so weiter geht, bleibt vor lauter Anerkennung von unserer neuen Zucht nichts mehr übrig."

Von dem Umfange des heutigen Anerkennungswesens geben die folgenden Zahlen ein Bild.

Anzahl der Betriebe, in denen 1922 Sommergetreide anerkannt worden ist:

(Nach dem Reichsanzeiger 1922, Nr. 42)

Ostpreußen	112
Brandenburg	207
Provinz Sachsen	185
Schleswig-Holstein	53
Hannover	242
Schlesien	158
Pommern	39
Westfalen	74
Rheinland	39
ehem. Königreich Sachsen	153
Bayern	über 600.

Die Samenuntersuchung bildet den Abschluß des Anerkennungsverfahrens. Die Institute, die diese Samenkontrolle durchführen, sind in der Lage, Keimfähigkeit und Reinheit zu garantieren. Sie erhöhen damit die Sicherheit für den Käufer ganz bedeutend.

Das Anerkennungswesen entwickelte sich auffallend spät. Wir haben in der Tierzucht bereits seit 1888 den gesetzlichen Körzwang; da ist es verwunderlich, daß man in der Pflanzenzucht bis heute noch zu keiner gesetzlichen Regelung gekommen ist.

---

4. Kapitel.

Die Pflanzenzucht im Auslande.

Deutschland nimmt zwar in der Pflanzenzucht unbestritten einen der ersten Plätze ein. In Einzelheiten kann es aber noch manches von anderen Ländern lernen. Naturgemäß kann man zu Vergleichen nur solche Länder heranziehen, die unter ähnlichen klimatischen Bedingungen Ackerbau treiben.

Unser erster Blick wendet sich Österreich zu, das wir allerdings kaum als Ausland betrachten können. Hier haben sich Männer wie Fruwirth, Tschermack, von Liebenberg, Proskowecz um die Pflanzenzüchtung große Verdienste erworben. Österreichs Zuchtprodukte sind auch bei uns beliebt. Die böhmische Hannagerste ist von unseren Züchtern übernommen und weiter veredelt worden. Einige Kartoffelsorten des galizischen Züchters Dolkowski sind bei uns weit verbreitet. Auch Gregor Mendel war Österreicher.

Die landwirtschaftliche Hochschule in Wien mit ihrer Versuchswirtschaft und die Samenkontrollstation wirken gemeinsam mit der Technischen Hochschule am Ausbau der österreichischen Landespflanzenzucht.

Von den übrigen Ländern sei zunächst Englands gedacht. Im 19. Jahrhundert hat England in der Pflanzenzucht viel geleistet. Dann aber fiel seine Landwirtschaft der industriellen und imperialistischen Entwicklung zum Opfer. Hoffnungsvolle Anfänge der Zuckerrübenzüchtung wurden vom Staate stillschweigend beiseite geschoben, denn dem Rohrzucker sollte keine Konkurrenz entstehen[44]. Wir verdanken England den bekannten Squarehead-Weizen, aus dem eine ganze Anzahl deutscher Weizenzüchtungen hervorgegangen sind. Suttons Magnum-Bonum war jahrzehntelang bei uns eine allgemein geschätzte Kartoffel. Heute ist sie abgebaut und vom Markt verschwunden. Dagegen genießt Findlays Uptodate in der Gegenwart noch hohen Ruf und ist von uns zu Kreuzungen öfters verwandt worden. Es entspricht der englischen Kulturentwicklung, daß seine gärtnerischen Züchtungen und seine Obstsorten in der Welt voran sind. Sie werden auch von Deutschland gern gekauft.

Aus Frankreich haben wir uns einige Weizensorten geholt und züchterisch veredelt. Die Samenzucht für Luzerne, Klee, Gräser und einige Gemüsearten wird durch das Klima Frankreichs begünstigt. So kann Frankreich billiger produzieren als wir. Man findet deshalb von den vorgenannten Samen noch größere Posten auf unserer Einfuhrliste. Aber wir können hoffen, uns in den nächsten Jahrzehnten auch in diesen Züchtungen unabhängig zu machen. Frankreich bezog früher von uns Saatkartoffeln. Während des Krieges konnte man da und dort von französischen Landwirten die Namen Richterscher Züchtungen hören.

Im ganzen spielt Frankreich keine führende Rolle in der Pflanzenzucht. Dagegen wird in Amerika züchterisch viel geleistet. Es bahnt sich in den Vereinigten Staaten eine agrarpolitische Entwicklung an, die der Entwicklung Deutschlands vor 60 Jahren ähnlich ist. Bis vor kurzem herrschten in Teilen Nordamerikas Anbaumethoden, die mit Recht als Raubbau bezeichnet wurden. Hatte der Farmer das irgend Mögliche aus dem Boden herausgewirtschaftet, so verlegte er ohne Umstände seine Tätigkeit an eine andere Stelle. Der ganze Landwirtschaftsbetrieb ist drüben mehr kaufmännisch geschäftsmäßig aufgebaut. Das gab auch der Pflanzenzucht ihr Gepräge. Sie wurde geschäftsmäßig von einigen großen Aktiengesellschaften betrieben. Die reich dotierten wissenschaftlichen Pflanzenzuchtinstitute, die ihre Entstehung zum Teil der Großzügigkeit einzelner Geldmagnaten verdankten, hatten vielfach keine ausreichende Hörerschaft. Die praktischen Landwirte mochten sich mit Zuchtfragen nicht recht befassen. Das Prinzip des „Make money" war mit jahrzehntelanger, oft nutzloser Kleinarbeit des Züchters unvereinbar.

Seit der Jahrhundertwende macht sich in der amerikanischen Landwirtschaft ein Umschwung geltend. Der Boden gehört nicht mehr zu den beliebig vermehrbaren Gütern. Der Preis für Ackerland ist in 20 Jahren um etwa das Fünffache gestiegen. Der mit der industriellen Entwicklung erstarkende innere Markt veranlaßt den amerikanischen Landwirt, zur rationellen und intensiven Landwirtschaft im deutschen Sinne überzugehen [1]). Auf dem Gebiete der Pflanzenzüchtung findet der Farmer alle technischen und wissenschaftlichen Vorbedingungen gegeben. Die hervorragenden landwirtschaftlichen Institute, die früher nur schwach besucht waren, wirken sich nun zum vollsten Nutzen für die amerikanische Landwirtschaft aus.

Die amerikanischen Institute haben ihrem Lande und der Welt in den letzten Jahrzehnten wertvolle Dienste geleistet. Die Erkenntnisse über die Vitamine verdanken wir ihrer Arbeit. In der Pflanzenzüchtung ist die Erblichkeitslehre durch amerikanische Forscher wesentlich gefördert worden. Durch Immunitätszüchtung wurden die amerikanischen Spargelfelder vor der drohenden Vernichtung gerettet. So können wir von Amerika lernen, wie der Staat durch weitgehende Unterstützung wissenschaftlicher Institute sich selbst auf dem Gebiete der Volkswirtschaft die besten Dienste leistet. Das Ackerbauministerium der Vereinigten Staaten sorgt in glücklichster Weise durch massenhaft verbreitete und gemeinverständlich abgefaßte Flugschriften (Farmers bulletins) für Aufklärung. Einige der neuesten Flugschriften befassen sich z. B. mit den Zuchtsorten des Weizens und mit Saatkartoffeln [2]). Das gleichfalls vom

---

[1]) Die amerikanische Regierung teilte kürzlich mit, daß die Handelsbilanz sich 1923 passiv gestaltet hat, ein neuer Beweis für die Entwickelung in der angedeuteten Richtung.

[2]) Farmers bulletins Nr. 1301—1305 (Dezember 1922—Januar 1923), Nr. 1332 vom Mai 1923.

Ackerbauministerium veröffentlichte „Yearbook" gibt alljährlich einen umfassenden Überblick über die Fortentwicklung der amerkanischen Landwirtschaft.

In dem größten europäischen Agrarlande, in Rußland, war die Pflanzenzüchtung im 19. Jahrhundert unbedeutend; sie kam über einige Ansätze in Estland, Polen und in der Ukraine nicht hinaus. Der Staat begann dann im Anfang des 20. Jahrhunderts mit dem Ausbau von fünf gewaltigen Pflanzenzuchtanstalten. Die Sowjet-Republik hat diese Pläne neu aufgenommen und die fünf Institute wieder in Gang gebracht. Die landwirtschaftliche Ausstellung 1923 in Moskau bewies deutlich, daß die Sowjet-Republik mit allem Ernst an die Frage des agrarischen Wiederaufbaues herangeht und daß sie sich bemüht, den russischen Bauern auch in der Pflanzenzüchtung aufzuklären und vorwärts zu bringen.

Von allen ausländischen Pflanzenzuchtanstalten nimmt das schwedische Svalöf unbestritten den ersten Rang ein. Die Anstalt verdankt ihre Entstehung privater Initiative. 1886 gründeten südschwedische Gutsbesitzer einen Saatzuchtverein, der unter Leitung von Direktor Welinder stand. Ein Saatgetreidevertrieb war mit dem Saatzuchtverein von vornherein verbunden, die für den Verein nach streng wissenschaftlichen Grundsätzen eingerichtete Saatzuchtanstalt Svalöf gewann schnell einen glänzenden Ruf. Der aus praktischen Landwirten zusammengesetzte Beirat sicherte die engste Verbindung mit den landwirtschaftlichen Betrieben. Weitgehende staatliche Zuschüsse sorgten für die völlige wirtschaftliche Unabhängigkeit und den Fortbestand des Unternehmens. Die Zuchtprodukte der Anstalt eroberten sich binnen kurzem ganz Schweden und konnten sich auch im Auslande, besonders auch in Deutschland, erfolgreich durchsetzen. Nach und nach überzog Svalöf ganz Schweden mit einem Netz von Vermehrungsstellen. In ihnen akklimatisiert sich das Saatgut, bevor es in den Handel kommt. Den Vertrieb besorgt eine kaufmännisch organisierte Aktiengesellschaft. Sie ist einer scharfen Samenkontrolle durch die Saatzuchtanstalt unterworfen.

Mustergültige Organisation und großzügige Unterstützung durch den Staat bringen dem Lande Schweden volkswirtschaftlich reichsten Lohn. Wir sollten davon auch für uns etwas lernen.

Organisatorisch können uns auch Holland und Dänemark zum Vorbild dienen. In Dänemark beschäftigen sich von den sechs landwirtschaftlichen Versuchsstationen besonders zwei mit der Pflanzenzucht. Private Züchter traten bisher kaum hervor, eine Erscheinung, die bei einem ausgesprochenen Bauernlande nicht wundernimmt. Die vorzügliche Organisation der dänischen Landwirtschaft dürfte sehr bald den Zusammenhang zwischen praktischen Landwirten und Pflanzenzuchtinstituten herstellen. Vor allem können die im Lande arbeitenden Staats- und Vereinskonsulenten durch Vorträge und praktische Vorführungen das Interesse für die Verwendung veredelten Saatgutes wecken. Dänemark hat in den achtziger Jahren einen grundlegenden Wechsel in seinem Landwirtschaftsbetriebe vollzogen durch Übergang zur Tierzucht und zur Veredelung tierischer Produkte. Futterpflanzen, besonders Rüben und Gräser, bilden aus diesem Grunde den Schwerpunkt der Pflanzenzucht. Der Staat fördert mit Fleiß auch die Pflanzenzucht, trotzdem sie nicht von so ausschlaggebender Bedeutung ist, wie bei uns in Deutschland.

Ähnlich liegen die Verhältnisse in Holland, nur daß hier der Pflanzenbau eine ebenso große Rolle wie die Tierzucht spielt. Fünf große Staatsinstitute, das wichtigste in Wageningen, arbeiten an der Veredelung der landwirtschaftlichen Nutzpflanzen. Die Bedeutung der holländischen Pflanzenzucht findet einen äußeren Ausdruck darin, daß in nächster Zeit in Wageningen ein internationaler Pflanzenzuchtkongreß tagen wird.

Ähnlich wie in Schweden und Dänemark ist der Bildungsgrad des bäuerlichen Besitzers ein außerordentlich hoher, es macht keine besondere Schwierigkeiten, den Fortschritt, den die Wissenschaft der Landwirtschaft bringt, in die praktischen Betriebe hineinzutragen. Holland hat — durchdrungen von der Wichtigkeit der Aufklärung im bäuerlichen Besitz — eine besonders glückliche Lehrorganisation geschaffen. Eine große Anzahl von Wanderlehrern ist während des ganzen Jahres unterwegs, um in den einzelnen Dörfern Vorträge zu halten. Die für die Bauern bestimmten Kurse sind vorwiegend in die Winterzeit verlegt. Eine Ergänzung der Volksschule auf landwirtschaftlichem Gebiete wird während des ganzen Jahres betrieben: Die Wanderlehrer suchen in einem verhältnismäßig engen örtlichen Bezirk Fühlung mit den Volksschullehrern der nächsten Dörfer. Diese finden sich dann wöchentlich einmal zu einer Unterrichtsdoppelstunde zusammen. Ein solcher Kursus dauert drei Jahre. Er dient dazu, den Volksschullehrern das Handwerkszeug zur Belehrung ihrer Dorfgenossen beizubringen. Ist der Kursus beendet, so verlegt der Wanderlehrer seine Tätigkeit nach einem anderen Bezirk, um hier von neuem zu beginnen. Es bedarf keiner Frage, daß dieses System auf die Dauer die glänzendsten Früchte tragen muß: In der Schule findet sich täglich die gesamte Jugend zusammen. Was man in der Jugend hört, das prägt sich dem Geiste viel eindrucksvoller ein als alle spätere Belehrung. Besonders dann, wenn wie in Holland praktischer Anschauungsunterricht damit verbunden werden kann. Die holländische Regierung hat nämlich in dem ganzen Lande, das in seinen Größenverhältnissen annähernd einer preußischen

Provinz entspricht, sechshundert Reichsversuchsfelder eingerichtet, auf denen unter Aufsicht der Wanderlehrer alles für den Bauern Wissenswerte demonstriert wird. Ein großes Schild mit der Aufschrift „Reichsversuchsfeld" lenkt die Aufmerksamkeit aller Vorbeigehenden auf sich, und durch Einzelschilder wird dann noch weitere Aufklärung erteilt. Über die Zweckmäßigkeit dieser Einrichtungen haben die Erfolge, die damit erzielt sind, das Urteil schon gesprochen.

So sehen wir in einer ganzen Anzahl von Ländern die Pflanzenzüchtung und den Saatgutbau in der verschiedensten Form von privater und staatlicher S ite gefördert und manches können wir davon für unsere deutschen Verhältnisse lernen, die wir rückblickend noch einmal überschauen wollen.

---

5. Kapitel.

Die Zukunftsaufgaben der Pflanzenzucht.

Wir haben in Deutschland eine große Anzahl von erfolgreichen Privatzüchtern. Neben ihnen arbeiten öffentliche Institute, die, besonders in Süddeutschland, auf gute Arbeit und schöne Erfolge zurückblicken können.

Der stark ausgeprägte Individualismus unserer Züchter hat aber zu einem Chaos von Sorten und zur Zersplitterung wertvoller Kräfte geführt. Die öffentlichen Institute haben die ihnen obliegenden Aufgaben nicht immer klar erkannt. Eine Überkreuzung der Arbeitsgebiete und volkswirtschaftlich unerwünschte Doppelarbeit sind die Folgen. Die an sich durchaus erwünschte Sparsamkeit des Staates ist gegenüber den Pflanzenzuchtinstituten zu weit getrieben. Der Staat hat es versäumt, die enge Verbindung mit den Züchtern und ihren Organisationen aufrechtzuerhalten.

Daraus ergeben sich für die Zukunft wichtige Lehren.

a) Die Züchter müssen lernen, ihren Individualismus zu beschränken, sie müssen dem Gedanken der Arbeitsteilung mehr als bisher Rechnung tragen. Es muß nicht jeder Züchter glauben, daß er auf allen Gebieten der Pflanzenzucht zur Schaffung neuer Sorten befähigt und verpflichtet ist.

In der Beschränkung auf ein Teilgebiet, auf dem dann um so mehr zu leisten ist, zeigt sich erst der Meister.

Diese Arbeitsteilung kann nur im Wege allseitiger Vereinbarung und freiwilliger Unterordnung geschehen. Die Verbände der Züchter müssen ihre Mitglieder in diesem Sinne beeinflussen und sich untereinander einigen.

Auch der Ausbau der Vermehrungsstellen des Originalsaatgutes muß künftig unter diesem Gesichtspunkt erfolgen. Die Vermehrungsstellen sind gewissermaßen Filialbetriebe des Züchters, die dann entstehen, wenn die eigene Gutsfläche nicht mehr ausreicht für die Befriedigung des Marktes. Neuerdings dienen sie auch der Frachtersparnis. Der Züchter richtet sie in Gegenden ein, die sich als gutes Absatzgebiet erwiesen haben.

Erfreulicherweise gewöhnen sich die Zuchtsorten dann auch auf den Vermehrungsstellen an das neue Klima. Gerade hier sollte man auch danach trachten, das Durcheinander der Sorten durch Spezialisierung nach lokalen Anbaugebieten einzuschränken.

Die Betrachtung der Sortenfrage unter biologischen Gesichtspunkten hat ergeben, daß jeder Sorte auf Grund der Ansprüche, die sie stellt, ein ganz bestimmtes Verbreitungsgebiet zukommt, in welchem sie andere Sorten im Vergleich regelmäßig schlägt. Besonders wichtig sind die Ergebnisse einer Untersuchung von Werneck-Willingrain über den Sortenbau auf pflanzengeographischer Grundlage[71]. Er berücksichtigt in seinen Schlüssen vor allem den ökologischen Gesichtspunkt, d. h. das Verhältnis der Pflanze zu ihrer Umgebung, und er kommt dabei zu folgenden Grundsätzen:

> Auch in der Pflanzenwelt herrscht das Gesetz vom ökologischen Gleichgewicht, d. h. die Pflanzensorten leben in einem gewissen Gleichgewichtszustand zu ihrer Umgebung.
>
> Niederschlagsmenge, Sonnenenergie und sonstige klimatische und geologische Verhältnisse erlauben es der Pflanze, ein ganz bestimmtes Wachstum und ganz bestimmte Eigenschaften zu entfalten.
>
> Ändern sich die ökologischen Bedingungen, so ändern sich damit auch die Pflanzen in ihren äußeren Eigenschaften wie in ihren Wachstumsmöglichkeiten.
>
> Innerhalb des natürlichen Verbreitungsgebietes schreitet die Pflanzenart von der unteren Schwelle ihrer Daseinsmöglichkeit, vom Existenzminimum, über ein Optimum zum oberen Schwellenwert, an welchem die Pflanze in ihrer Verbreitung durch eine andere verdrängt wird, weil ihr die individuellen (vererbten!) Möglichkeiten fehlen, noch günstigere ökologische Verhältnisse über das ihren Fähigkeiten eigene Optimum hinaus zu verwerten.
>
> Sie macht also einer Pflanze mit höherem assimilatorischem Effekt Platz. Das Liebigsche Gesetz vom Minimum findet hier auf biologischem Gebiet eine überraschende Analogie. Aus dem Gesagten ergibt sich auch der außerordentliche Wert der lokalen Hauptprüfungen der einzelnen Sorten und die Richtigkeit des Grundsatzes von Weihenstephan: seine züchterische Zusammenarbeit mit den örtlichen Zuchtgenossenschaften wesentlich auf die Verbesserung der Landsorten zu gründen.

Die Zucht wird also künftig sich auf die Differenzierung der Sorten in bezug auf Reifezeit, Vegetationsdauer, Boden- und Düngungsansprüche, Wasser- und Sonnenbedarf mehr als bisher einstellen müssen.

b) Es werden ferner in der Zucht die besonderen Zwecke, denen die einzelne Pflanze im Verbrauch dienen soll, zu beachten sein.

Der Züchter muß wissen, welche Anforderungen der Verbraucher an die Pflanze stellt, damit er in der Zucht darauf Rücksicht nehmen kann. Es ist auf diesem Gebiete früher schon manches geschehen. Bekannt sind die Bestrebungen auf den Gebieten, wo die landwirtschaftlichen Erzeugnisse eine technische Verwertung fanden. Der Zuckergehalt der Rübe ist durch Züchtung dauernd gesteigert.

Der größten Brauerei Schlesiens, Haase in Breslau, war es früher nicht möglich, in Schlesien geeignete Gersten für Brauzwecke zu kaufen [23]. Als dann Kommerzienrat Haase eine klare Bonitierung für die ihm erwünschte Gerste aufstellte, dauerte es nur wenige Jahre, und er konnte seinen gesamten Bedarf an Braugerste in Schlesien decken.

Für unsere Moorböden brauchen wir Kartoffelsorten, die rasch aufgehen und viel Kraut entwickeln, damit sie den unkrautwüchsigen Neulandboden in unseren Kolonisationsgebieten rasch beschatten und so dem Unkraut die Lebensmöglichkeit nehmen.

c) Ein besonderes Kapitel bildet die Einstellung der Zucht auf die Lieferung nach dem Auslande. Wir sind in der Zukunft viel mehr als bisher darauf angewiesen, durch qualitative Höchstleistungen den Export zu fördern. Es wird demgemäß auch zu prüfen sein, welche Pflanzen, die im Auslande gebraucht werden, sich zur züchterischen Veredelung in Deutschland eignen. Nach Westen ist die Ausfuhr von Saatkartoffeln, nach Osten die von Saatgetreide aussichtsvoll.

d) Andrerseits ist die Frage zu prüfen: welche Pflanzen des Auslandes eignen sich zum Massenanbau für Deutschland und zum Ersatz unserer jetzigen Pflanzensorten. Hier spielt die Frage des assimilatorischen Effekts die Hauptrolle. Sie ist vor dem Kriege von Strakosch [64] eingehend behandelt. Strakosch nennt den assilimatorischen Effekt das Verhältnis zwischen Ansprüchen und Ertrag beim Anbau einer Pflanze.

Nun kennen wir zwar eine ganze Anzahl von Pflanzen, die einen erheblich höheren assimilatorischen Effekt haben als unser Getreide. Sie bringen zum Teil der Masse nach, zum Teil nach ihrem chemischen Gehalt erheblich höhere Erträge; z. B. haben Hülsenfrüchte durchschnittlich gegenüber Roggen einen fünf- bis achtfachen und Hackfrüchte einen sechs- bis zwölffachen assimilatorischen Effekt. Aber die Anbaumöglichkeiten dieser Pflanzen sind für uns beschränkt. Die Ernten in Hülsenfrüchten sind unsicher. Hier sei besonders an die chinesische Soja erinnert, deren Anbaufähigkeit in den letzten Jahren mit vielem Eifer geprüft worden ist. Die Sonnenenergie Deutschlands reicht im allgemeinen nicht aus, um die Soja zur vollständigen Reife zu bringen. Es besteht aber Hoffnung, daß unsere Züchter mit der Zeit Stämme und Linien züchten und vermehren, die noch sicher reifen. Der Neueinführung einer solchen Frucht zum allgemeinen Anbau stellen sich häufig noch andere unerwartete Hindernisse in den Weg. Einzelfelder mit der Soja bestellt, sind z. B. von den Hasen nahezu vernichtet worden. Wer einmal einen Versuch auf kleinerer Fläche im feldmäßigen Anbau gemacht hat, läßt meist die Hände davon, weil ihm von der Ernte nichts übriggeblieben ist.

Den erweiterten Hackfruchtbau und die Einführung neuer Hackfruchtarten, deren assimilatorischer Effekt besonders hoch ist, behindern arbeitstechnische Bedenken. Ein landwirtschaftlicher Betrieb kann nur soviel von seiner Gesamtfläche dem Hackfruchtbau zuwenden, als er in der Lage ist, mit den zur Verfügung stehenden Arbeitskräften intensiv zu bewirtschaften. Wir haben keine geeigneten Erntemaschinen, die die große Zahl der heute noch erforderlichen menschlichen Arbeitskräfte ersetzen können. Diese Frage wird also erst dann brennend werden, wenn die heute im Gange befindlichen Versuche zur Herstellung solcher Maschinen (Krupp!) zu einem erfolgreichen Abschluß gekommen sind. Dagegen spielt bei den Hackfrüchten und insbesondere bei der Kartoffel ein anderer Gesichtspunkt heute eine wichtige Rolle:

e) die Züchtung auf Immunität gegen Schädlinge und Krankheiten.

Hier hat die Wissenschaft die aussichtsreiche Aufgabe, festzustellen, welche Korrelationen zwischen Immunität und äußerlich erkennbaren Eigenschaften bestehen. Bei der Kartoffel sind zunächst die allgemein beobachteten „Abbauerscheinungen" zu beseitigen. Im Vordergrunde wird aber künftig die Züchtung krebsfester Sorten stehen; denn während andere Kartoffelkrankheiten die Qualität und Quantität der Ernte nur mehr oder minder verschlechtern, vernichtet der Krebs die Kartoffelernte vollkommen. Dank der von allen beteiligten Stellen eingeleiteten Gegenmaßnahmen besteht Aussicht, der Krebsseuche Herr zu werden.

f) Die Züchtung der Futterpflanzen, die bisher bei uns aus den bereits erwähnten Gründen im Hintergrunde gestanden hat, bedarf in der Zukunft besserer Pflege und Förderung. Hier kommt es darauf an, die Konkurrenz des Auslandes auszuschalten und bodenbeständige Gräser und Kleearten in genügender Menge dem deutschen Markt zuzuführen. Hoffnungsvolle Anfänge, die im sächsischen Erzgebirge, in Schlesien und in Mittelfranken gemacht sind, müssen weiter ausgebaut werden. Ein Abbild der Arbeiten der letzten Jahre wird uns die Ausstellung der Deutschen Landwirtschaftsgesellschaft in Hamburg im Jahre 1924 geben.

Alles in allem: Da die Einführung neuer Pflanzenarten

in die deutsche Landwirtschaft nur sehr langsam vor sich gehen kann, muß man bei den vorhandenen Sorten die Züchtung auf ein Maximum an Leistung für die jeweils gegebenen Klima- und Bodenverhältnisse einstellen und für jede Gegend diejenige Sorte schaffen, die dieses Maximum an Leistung bei einem Minimum von Ansprüchen hergibt. Die höhere Leistung der Pflanzen muß sich in erster Linie aufbauen auf der Ausnutzung der unerschöpflichen Mengen an Sonnenenergie, sodann auf intensiverer Bodenbearbeitung und erst in letzter Linie auf der Verwertung von Bodenkapital, dessen Ersatz durch Zuführung von künstlichem Dünger usw. für unsere verarmte Volkswirtschaft erschwert ist. Nicht immer wird der Anbau volkswirtschaftlich optimaler Sorten auch privatwirtschaftlich die höchste Geldrente bringen. Aufgabe des Staates ist es, durch Verwaltungsmaßnahmen und Aufklärung den Anbau in die richtigen Bahnen zu lenken.

An der Durchführung der vorstehend beschriebenen Zuchtziele werden künftig Praxis und Wissenschaft in engerer Fühlung zusammenarbeiten müssen als bisher. Der Züchter ist von Haus aus Empiriker. Er hat es im wesentlichen mit dem zu tun, was er vor Augen sieht, und nur ausnahmsweise wird der praktische Landwirt geneigt sein, für lange Zeit seine Arbeit aus der frischen Luft seiner Felder in das Laboratorium zu verlegen.

Auf der anderen Seite mangelt es dem Forscher und unseren wissenschaftlichen Instituten heute noch vielfach an der unmittelbaren Verbindung mit praktischen Zuchtbetrieben. Vor allem muß der schweren Notlage der deutschen Wissenschaft gesteuert werden. Es geht nicht an, daß der Inhaber des Lehrstuhls für Pflanzenbau an der Berliner Hochschule sich mühsam bei einem befreundeten Gutsbesitzer ein paar Morgen Landes für seine Sortenversuche pachtet. Es geht auch nicht an, daß der strebende Landwirt, der sich der Pflanzenzucht widmen will, von einer Stelle zur anderen läuft, um sich oft widersprechenden Rat zu holen. (In der Vergangenheit hat sogar mancher Züchter seine eigenen Erfahrungen als sorgsames Geheimnis vor anderen gehütet!) Hier müßte der Staat bessernd eingreifen. Aber der Versailler Vertrag macht seine destruktive Wirkung auch auf diesem Gebiet geltend. Der Staat, der schon früher nicht viel für die Beratung der Züchter getan hat, kommt bei seinen derzeitigen Nöten als Retter nicht in Betracht. Darum verdient für die nächste Zukunft die Selbsthilfe durch Zusammenschluß von Züchtern und Wissenschaftlern zu Versuchsringen ganz besondere Beachtung und Förderung. Der Versuchsring will eine Anzahl von interessierten praktischen Betrieben, und zwar große und kleine, zusammenfassen. Zum Zwecke der Wirtschaftsberatung und insbesondere zum Zwecke von wissenschaftlichen

Versuchen stellt er eine wissenschaftlich gebildete Kraft auf gemeinsame Kosten an. Gelingt es, diesen Gedanken, den Professor Römer, Professor Opitz, Professor Schander und viele andere mit besonderer Wärme vertreten, in die Tat umzusetzen, dann darf man auf eine neue Belebung unserer Pflanzenzucht hoffen. Aus den jungen zahlreichen Kräften, die dann als Saatzuchtinspektoren oder Leiter der Versuchsringe mit der Praxis zusammenarbeiten, werden wir sehr bald Nachwuchs für die geistigen Führer der Züchtungskunde heranziehen, die als besonderen Vorteil die enge Berührung mit der Praxis für sich verbuchen können.

Die Betriebe aber, die sich solchen Versuchsringen anschließen, werden aus den wissenschaftlichen Arbeiten so viel Vorteil ziehen, daß die Kosten der Einrichtung mehr als reichlich wettgemacht werden. Endlich wird die Frage der Sortenprüfung durch die Versuchsringe auf die breitere Grundlage gestellt, die wir ihr wünschen müssen, wenn aus der Unzahl der neuen Sorten rasch diejenigen erkannt werden sollen, die für den speziellen Zweck eine optimale Leistung aufweisen.

Ausbau der Sortenprüfung.

Auch in der Sortenprüfung sind künftig einheitliche Richtlinien unentbehrlich. Nur durch einheitliche Grundsätze kann man der heute noch da und dort bestehenden Unsicherheit steuern, die es zu keinem einwandfreien Vergleiche verschiedener Versuche kommen läßt[51]. Wir haben festgestellt, daß unter verschiedenen Verhältnissen die gleiche Pflanze sich ganz verschieden verhält. Will man deshalb Sortenversuche über das ganze Reich oder einzelne Länder ausdehnen, die vergleichbar sein sollen, so müssen die aufzustellenden Richtlinien klare Anweisungen geben, welche Vorbedingungen für den einzelnen Sortenversuch zu erfüllen sind.

Die Richtlinien werden sich erstrecken müssen auf Bodenart, Höhenlage, Vorfrucht und Düngung, ferner auf die Herkunft und gleichmäßige Beschaffenheit des Saatgutes. Die Deutsche Landwirtschaftsgesellschaft hat bereits bei den letzten Sortenprüfungen gleiche Vorfrucht und gleiche Düngung vorgeschrieben. Es sei bemerkt, daß nach den neuesten Erfahrungen eine übermäßige Düngung keinesfalls vorteilhaft auf die produktive Kraft des Saatguts wirkt. Wir erleben hier eine Analogie zu den Verhältnissen in der Viehzucht. Den praktischen Landwirten ist längst bekannt, daß gemästetes Vieh für die Zucht weniger tauglich ist.

Für die Notwendigkeit, die Sortenversuche auf einer möglichst breiten Grundlage aufzubauen, gibt die folgende Tabelle einen interessanten Beleg. Sie ist entnommen einem Sortenversuche im Kreise Züllichau-Bomst im Jahre 1922 und gibt zu folgenden Bemerkungen Anlaß:

Kreis Züllichau	Petkuser Gelbhafer	Kanad. Hafer	Goldregen-Hafer	Schlanstedt-Hafer	Kley-Hafer	Sieges-Hafer
	Zentner pro Morgen:					
Beer-Neuhöfchen (sehr guter Mittelboden)	12,59	12,69	13,80	12,81	13,57	12,93
v. Schmeling-Oggerschütz (lehmiger Sandboden)	11,20	7,57	7,95	9,05	7,77	6,42
Hilsenitz-Rentschen (lehmiger Sandboden)	9,08	7,82	8,40	8,54	7,60	6,80
Lehmann-Kleindammer (lehmiger Sandboden)	8,24	7,40	7,78	7,30	7,54	6,88

Auf den leichten Böden unserer Ostmark ist Petkuser Gelbhafer erfahrungsgemäß eine der besten Sorten. Wenn auch seine Farbe in Vorkriegszeiten vielfach im Handel zu einer etwas geringeren Bewertung gegenüber dem Weißhafer Anlaß gab, so ist sein Ertrag und insbesondere sein assimilatorischer Effekt gegenüber anderen Sorten besonders hoch.

Betrachtet man den Versuch Beer-Neuhöfchen allein, so kommt das in keiner Weise zum Ausdruck. Man würde auf Grund dieses Einzelversuches Goldregen-Hafer für den besten halten und Petkuser Gelbhafer für den schlechtesten.

Petkuser Gelbhafer, der in Neuhöfchen als schlechtester erscheint, bringt in Neuhöfchen fast doppelt so viel Ertrag als Svalöfs Sieges-Hafer in Oggerschütz. Derselbe Sieges-Hafer ist in Neuhöfchen besser als Petkuser. Aus der ganzen Tabelle geht recht klar hervor, daß Einzelversuche niemals ein zutreffendes Bild von dem wirklichen Sortenwert geben können.

Die große Verschiedenheit in den obigen Versuchsergebnissen kann sehr verschiedene Gründe haben. Die Vorbereitung des Ackers, die Zusammensetzung des Ackers, Verschiedenheiten des Wetters in der ersten Entwicklungsperiode, verschiedene Vorfrucht und Düngung beeinflussen den Ertrag. Häufig entscheidet ein zeitlich günstiger Gewitterregen über die Ernte. Es sind gerade von der Verteilung der Niederschläge die Erträge des Pflanzenbaus in entscheidendem Maße abhängig. Professor Wohltmann und andere haben nachgewiesen, daß zum Beispiel die Provinz Sachsen, im Regenschatten des Harzes, ein ausgesucht trockenes Klima hat. Aber infolge der günstigen durchschnittlichen Verteilung dieses Regens sind die Erträge in der Provinz Sachsen im Vergleich zu den gleichen Bodenverhältnissen anderer Gegenden höher.

Als Dürrjahr mit Mißernte ist uns 1911 noch in Erinnerung. Der Vergleich der Gesamtjahresmenge an Niederschlägen ergibt aber, daß das Jahr 1913 weniger Niederschläge hatte als 1911; trotzdem haben wir 1913 eine Rekordernte gemacht, weil diese Niederschläge sich den Wachstumsbedürfnissen besser angepaßt hatten.

Sollen die Sortenversuche ein einwandfreies Ergebnis liefern, so ist auch eine einheitliche Aufzeichnung über die gesamte Durchführung erforderlich. Bei einheitlicher Aufzeichnung nach einem für das ganze Reich aufzustellenden Formular lassen sich dann auch solche auffälligen Tatsachen, wie sie der obige Versuch gebracht hat, mit größerer Sicherheit aufklären.

6. Kapitel.

Der Saatbau und seine Zukunft[1]).

Wir konnten feststellen, daß die Produktion von Originalsaat — abgesehen von den Futterpflanzen — für den derzeitigen Bedarf ausreicht. Aber die Mühe der Züchter ist vergeblich, der große Aufwand ist verloren, wenn die Ergebnisse der Pflanzenzüchtung nicht für die Volkswirtschaft ausgenutzt werden, wenn nicht jeder kleinste Bauer auch das veredelte Saatgut verwendet. Bis zur Jahrhundertwende war die Nachfrage nach Originalsaatgut äußerst schwach. Dabei war der Preis des Originalsaatgutes im Verhältnis zu seinem Wert immer sehr niedrig. Im Jahre 1920 waren in Deutschland bestellt

mit Originalsaat ....66 908 Morgen,
mit anerkannten Nachbauten ca. 168 000 ,,

Von 66 908 Morgen erntet man auch in ungünstigen Jahren soviel Originalsaat, daß man 669 000 Morgen mit erstem Nachbau (1. Absaat) bestellen kann. Mit dem zweiten und dritten Nachbau kann mehr als die gesamte Getreidefläche Deutschlands bestellt werden. Da tatsächlich aber nur der geringste Teil mit anerkannten Absaaten bestellt ist, liegt hier ein volkswirtschaftlich bedauerlicher Fehler vor [2]).

Professor Wohltmann regte, um diesem Übel abzuhelfen, zu Beginn des neuen Jahrhunderts in Bonn die Begründung eines rheinischen Saatbauvereins an. Kurz darauf wurde auf Anregung von Professor Gisevius in Königsberg der Ost- und westpreußische Saatbauverein 1903 gegründet. Es folgten in kurzen Abständen die Saatbauvereine in Schlesien 1904, wo Rümker die treibende Kraft war, in Pommern, Brandenburg. Und heute haben wir erfreulicherweise über ganz Deutschland ein Netz solcher Vereine gezogen. Der Zweck dieser Vereine bewegt sich fast überall in der gleichen Richtung. Nur die Durchführung der Vereinszwecke ist verschieden. Einzelne Vereine bedienen ihre Mitglieder, während andere mit gutem Saatgut nur vorwiegend darauf bedacht sind, Originalsaaten im Nachbau zu vermehren und durch den Verein günstig abzusetzen.

Ein bäuerlicher Saatbauverein der ersten Richtung in Ostpreußen setzt sich z. B. in seiner Satzung folgende Ziele:

---

[1]) Dem „Saatbau" fällt die Aufgabe zu, die Originalzüchtungen im Nachbau zu vermehren. Man nennt die Jahrgänge „Absaaten" oder „Nachbauten".

[2]) 1923 ist die Fläche der Originalsaaten auf etwa 240 000 Morgen gestiegen. Um so eher wäre es möglich, die gesamte deutsche Getreidefläche mit veredelten Saatgut zu bestellen.

1. Ankauf von Originalsaaten, die sich im Vereinsbezirk besonders bewährt haben.
2. Rückkauf der Absaaten und Verteilung an die Mitglieder zu ermäßigten Preisen.
3. Aufstellung von Reinigungsanlagen, die die Mitglieder gegen Entgelt zur Reinigung des von ihnen gebauten Originalguts verwenden können.
4. Organisation von Saatmärkten und Saatausstellungen.
5. Aufklärung und Beratung der Mitglieder.

Ein Verein der zweiten Richtung war bisher z. B. der Märkische Saatbauverein. Ihm gehören eine Anzahl großer Besitzer an, die Originalsaaten im Nachbau vermehren und der Märkische Saatbauverein sah bisher seine Hauptaufgabe in der kaufmännischen Vermittlung dieser Saaten.

Beide Arten der Vereinigung haben ihr Gutes und ihre Mängel. In beiden Vereinigungen ist gegenwärtig meist der kaufmännische und der technische Teil der Arbeit noch in einer Hand. Das gibt zu Zwiespältigkeiten Anlaß, insbesondere dann, wenn der Saatbauverein sich auch mit Anerkennung von Saaten befassen will. Tritt er dann als Lieferant von Saatgut auf, das sich im Anbau als unrein oder minderwertig erweist, so kommt er in eine äußerst schwierige Lage. Ein Saatbauverein, der nicht auch dem kleinen Besitzer den Bezug und Absatz in kleinen Posten ermöglicht, hat seine Aufgabe nur halb erfüllt. Trotzdem haben die Saatbauvereine in den letzten zwanzig Jahren Hervorragendes geleistet und sind zu einem unentbehrlichen Bindeglied zwischen Züchtern und Verbrauchern geworden. Ihr Grundgedanke ist gesund, ihre Zahl ist aber noch zu gering.

Eine Vermehrung der Saatbauvereine ist aber nur nach Überwindung vieler Hindernisse möglich. Schon die Gründung solcher Saatbauvereine ist nicht leicht. Eisinger [14] beschreibt das sehr drastisch anscheinend auf Grund persönlicher Erfahrungen, die er in Nassau gemacht hat. Die dortige bäuerliche Bevölkerung ist zweifellos aufgeweckter und beweglicher als im Osten Deutschlands. Trotzdem muß der Wanderlehrer oder Saatzuchtinspektor drei- oder viermal ansetzen, bis es ihm gelingt, einen Saatbauverein zustande zu bringen. Zuerst predigt er gewöhnlich vor leeren Bänken. Später hört man ihm, wenn er Glück hat, geduldig zu. Erst allmählich gelingt es, einige wenige für die Sache zu interessieren. Ist aber erst einmal ein Anfang gemacht, so kommt der Glaube mit den sichtbaren Erfolgen. In Bayern hat man dieser bäuerlichen Passivität Rechnung getragen und ganz planmäßig von Weihenstephan aus die Verbindung mit der bäuerlichen Bevölkerung gesucht. In Preußen hat der Staat sich um die Saatbauvereine wenig gekümmert. Dagegen hat sich der Industriestaat Sachsen, dessen Landeskulturrat (Landwirtschaftskammer) in engster Fühlung mit den landwirtschaftlichen Bezirksvereinen an der Verbreitung veredelten Saatguts arbeitet, einen Landessaatbauverein geschaffen. Dieser bearbeitet die organisatorische und landwirtschaftlich-technische Aufgaben, während eine besondere Saatstelle kaufmännisch für die Versorgung mit Saatgut tätig ist.

Über Umfang und Entwicklung des Vertriebes von veredelten Saaten in der Mark Brandenburg gibt die folgende Tabelle Aufschluß. Sie ist dem Geschäftsbericht 1922 des Märkischen Saatbauvereins entnommen:

Es wurden an Wintergetreide und Sommergetreide umgesetzt:

im Jahre	1918/19	10 566	Zentner
,, ,,	1919 20	20 425	,,
,, ,,	1920/21	42 510	,,
,, ,,	1921/22	32 677	,,

Nach dem Kriege hat sich demnach in der Landwirtschaft das Verständnis für veredeltes Saatgut gehoben. Die letzte Zahl macht die Einwirkung des Währungsverfalles auf den Saatenmarkt ersichtlich. Er schädigte die Originalzüchter. Privatwirtschaftlich war es ein schlechtes Geschäft, wenn man die Wintersaaten im Herbst restlos als Saatgut zu billigem Preise herausgab, während man Handelssaatgetreide im Frühjahr zum drei- bis zehnfachen Preise verwerten konnte.

Über den augenblicklichen Stand der Saatbauvereine in Deutschland gibt der von Professor Aereboe herausgegebene landwirtschaftliche Kalender (Parey 1923) ein gutes Bild. Hiernach waren in Preußen vorhanden 35 Saatbauvereine, von denen 19 allein auf die Provinz Hannover entfielen. In Hannover ist nach dem Kriege in Ebsdorf der leistungsfähigste, rein bäuerliche Saatbauverein Norddeutschlands entstanden. In den übrigen Provinzen ist in der Regel nur 1 Saatbauverein vorhanden. In Bayern sind rund 12 Saatbauvereine tätig, unter denen der Nordostbayerische Saatbauverband der älteste und größte sein dürfte. Ihm gehören 72 Einzelvereine mit 1645 Mitgliedern an. Seine Arbeitsmethoden und Einrichtungen können als mustergültig betrachtet werden.

Neben diesen Saatbauvereinen besteht noch eine große Zahl von Spezialorganisationen für einzelne Pflanzenarten, z. B. für Tabak, Wein, Hopfen, Obst. Mit züchterischen Fragen befaßt sich ferner auch das auf landwirtschaftlichen Rohstoffen aufgebaute Gewerbe, insbesondere die Faserindustrie, die in Sorau ein Forschungsinstitut ins Leben gerufen hat, das Gärungsgewerbe, dessen Institut in Berlin liegt, und manche andere.

Die künftige Weiterentwicklung der Saatbauvereine kann am besten durch eine klare Arbeitsteilung gefördert werden. Notwendig ist vor allem eine grundsätzliche Unterscheidung zwischen dem technischen und dem kaufmännischen Teil der übernommenen Aufgaben. Im Interesse größerer Klarheit wollen wir diejenigen Organisationen, die sich mit der technischen Förderung befassen, Vereine nennen, diejenigen, die den Ein- und Verkauf betreiben, aber als Genossenschaft bezeichnen. I der Praxis greifen die Bezeichnungen allerdings ineinander über. Ja in der Mehrzahl der Fälle liegen heute beide Aufgaben noch in einer Hand.

Der Saatbauverein braucht zur Durchführung der technischen Beratung seiner Mitglieder die volle Kraft eines wissenschaftlich vorgebildeten und organisatorisch befähigten Saatzuchtleiters. Dieser Mann hat die heute im gesamten Produktionsprozeß der Landwirtschaft vielleicht wichtigste Aufgabe zu leisten: den bäuerlichen Besitz, der drei Viertel der gesamten deutschen Ackerfläche bewirtschaftet, zur Verwendung erstklassigen Saatguts anzuhalten und zu erziehen. Leider gibt es auch heute noch manchen großen Besitz, der an Saatwechsel nur ausnahmsweise denkt. In der Hauptsache aber gilt doch, was Freiherr von Richthofen, der Führer des Schlesischen Landbundes, schreibt[47]: Es kommt heute nicht mehr so sehr darauf an, in rationell geführten Betrieben statt 11 Zentner Roggen vom Morgen in Zukunft 11¼ oder 11½ Zentner zu ernten, sondern vielmehr darauf, daß in der Masse der Betriebe mit einem Durchschnitt von 6 bis 7 Zentnern, die den Reichsdurchschnitt drücken, durch Verwendung richtigen Saatgutes 2 bis 4 Zentner mehr geerntet werden.

Diese Aufgabe sollen die Saatbauvereine erfüllen. Sie können sie aber nicht erfüllen, solange sie nur eine Geschäftsstelle mit vielleicht einem Saatzuchtinspektor für die ganze Provinz haben.

Wir müssen also die Zahl dieser Saatbauvereine ganz erheblich vermehren. Im allgemeinen dürfte für jeden preußischen Verwaltungskreis ein Saatbauverein ausreichen, der einen eigenen Saatzuchtinspektor anstellt. Nur in solchem verhältnismäßig engen Kreise ist es möglich, daß der leitende Mann bis in jedes einzelne Dorf hineinleuchtet und sich unter den praktischen Landwirten die Helfer holt, die er zu einer erfolgreichen Tätigkeit braucht.

Heute findet der Saatzuchtinspektor in jedem Dorf einen aufgeweckten Landwirt, der bei entsprechender Belehrung und erleichterter Beschaffung bereit ist, bestes Originalsaatgut anzubauen. Wie das geschehen kann, werde ich später schildern. Gelingt es dem Saatzuchtinspektor, annähernd in jedem Dorf einige Felder mit den guten Erträgen des Originalsaatgutes paradieren zu lassen, so wird der Erfolg nicht ausbleiben; denn der Bauer glaubt im praktischen Leben immer nur das, was er sieht. Das Mißtrauen gegen alles Neue und gegen alles Fremde ist ihm aus jahrtausendelanger Entwicklung zur zweiten Natur geworden. Immer wieder sieht er, wie kluge Leute aus den Städten ihn mit Redensarten übervorteilen. Alle die Unlauterkeiten im Düngemittelhandel und Saatguthandel während der letzten fünfzig Jahren behindern jetzt die ehrliche Aufbauarbeit.

Prangen aber erst zwischen den dünn bestandenen und schlecht tragenden Feldern der Dorfgenossen die Originalsaatgutfelder eines kleinen Bauern, dann überzeugt sich schließlich auch der Schwerfälligste, daß moderner Getreidebau nicht nur eine Domäne „der Großen“ ist. Ehrgeiz oder Neid werden den Wunsch nach einem besseren Saatgut wecken. Dieses Saatgut beschafft sich der Bauer am liebsten bei seinem Nachbar, dessen Feld er gesehen hat. Bevor er die Vermittlung eines Händlers oder einer Genossenschaft in Anspruch nimmt, holt er sich fürs nächste Jahr von ihm ein paar Zentner.

Gerade darauf aber stützt sich eine Maßnahme, die der Verbreitung guten Saatgutes ganz außerordentlich nützen kann.

Der Saatguttausch.

Unsere Züchter hat wie viele andere Erwerbsstände die Entwicklung unserer Währungsverhältnisse vielfach schwer geschädigt.

Wer zum Beispiel im Herbst 1921 als Züchter sein Originalsaatgut an Wintergetreide mit einem Aufschlag von vielleicht 50 % auf den Marktpreis des Handelsgetreides verkaufte, der erlöste 200 bis 300 Mark. Im April 1922 stand aber Roggen auf 1100, Weizen auf 1500 Mark pro Zentner. Der Originalzüchter von Wintergetreide ist nach der Ernte zu schnellstem Ausdrusch gezwungen, weil ja wenige Wochen später das gesamte Originalsaatgut schon wieder gesät werden muß. Sonst drischt der Landwirt dagegen nur soviel, als er zur Aufrechterhaltung des Betriebes eben braucht. Sein Umsatz verteilt sich deshalb auf das ganze Jahr. Er erhielt also 1922 für einen großen Teil seiner Ernte erheblich mehr als der Pflanzenzüchter für sein unter erhöhten Aufwendungen an Arbeit und Kapital produziertes Originalsaatgut.

Weitere Schwierigkeiten ergaben sich aus der Zwangswirtschaft. Gegen künftige Wirtschaftskrisen bildet die Methode des Saatguttausches ein wirksames Mittel. Sie sichert unserer Pflanzenzüchtung nicht nur ein wirtschaftliches Weiterarbeiten, sondern eignet sich auch vor allem zur Verbreitung guten Saatgutes in bäuerlichen Kreisen.

Der Bauer trennt sich schwer vom baren Gelde und noch viel schwerer die Bäuerin, die ja meistens den Beutel verwahrt. Aber der Bauer muß ja Saatgut für die Neubestellung sicherstellen. Daß sein eigenes Saatgut, welches er vielleicht schon vom Großvater her immer wieder verwendet, nicht so gut ist wie die Originalsaat des fortgeschrittenen Nachbarn, das hat ihm der Vergleich der Felder ad oculos demonstriert. Er wird also den Tausch mit dem Nachbar dem Barkauf bei einem Händler vorziehen. Für dieses bessere Saatgut wird der Bauer im Umtausch sicher etwas mehr von seinem eigenen hergeben, ganz besonders wenn er hört, daß er bei der stärkeren Bestockung und der höheren Keimfähigkeit des Originalsaatgutes an der Aussaatmenge erheblich sparen kann.

Für den aufgeweckten Bauern aber, der als erster seinen Nachbarn mit gutem Beispiel vorangegangen ist, erwächst aus diesem Tausch noch ein besonderer Vorteil. Die höheren Aufwendungen für die Beschaffung des Originalsaatgutes bringen ihm nicht nur eine höhere Ernte, sondern er erlöst bei Saatguttausch auch einen höheren Gewinn mit seinem ausgedroschenen Getreide.

Durchschnittlich beträgt für Originalsaatgut der Aufschlag auf Handelspreis etwa 50 %. Für erste und zweite Absaaten sind entsprechend geringere Zuschläge üblich. Die Teltower Landbundgenossenschaft, eine rein kaufmännische Ein- und Verkaufsgenossenschaft, gab im Frühjahr 1923 auf Anregung des Landbundes erste und zweite Absaaten wie folgt her: 1 Zentner Heines Hanna-Gerste, anerkannt erste Absaat, wurde gegen 1,35 Zentner beliebiges Handelsgetreide im Umtausch abgegeben. 1 Zentner Petkuser Sommerroggen zweite Absaat war mit 1,25 Zentner beliebigen Handelsgetreides zu bezahlen.

Nimmt man an, daß der originalsaatbauende Landwirt von Winterroggen bei Verwendung seines alten Saatgutes 5 bis 6 Zentner zu ernten pflegte und von der Originalsaat 8 bis 10 Zentner erntet, nimmt man weiter an, daß er aus dieser Ernte im Umtausch an seine Nachbarn 8 Zentner abgibt und dafür 10 Zentner wiedererhält, so leuchten die Vorteile des Saatguttausches ohne weiteres ein. Die privatwirtschaftliche Rente wird erheblich erhöht. Die Züchter haben im Herbst 1923 die hier gegebene Anregung bereits befolgt und für Originalsaat das feste Umtauschverhältnis von 100 : 150 allgemein eingeführt.

Die Notwendigkeit, den Umtausch an Stelle der Geldbezahlung zu setzen, ist gerade bei dem Kleinbetriebe einleuchtend. Bekanntlich verwendet der Kleinbetrieb die größte Menge seiner Erzeugnisse für den eigenen Haushalt und für die Tierzucht. Zum Verkauf bleibt nur ein ganz geringer Prozentsatz übrig. Die Gefahr, daß hochwertiges Saatgut vermahlen und verfüttert wird, ist deshalb beim Kleinbetrieb groß. Man wird ihr in der Praxis nur dadurch begegnen können, daß man den Tausch auf der erörterten Basis energisch propagiert.

Ein Hindernis allerdings ist dabei zu überwinden. Selbst wenn der Anbauer von Originalsaat ein guter Ackerwirt ist, der seine Felder unkrautfrei hält und der Saat alle nur mögliche Pflege angedeihen läßt: eine gründliche Reinigung und Sortierung des Saatgutes ist doch vonnöten, ehe er das Saatgut an seine Nachbarn weitergeben kann. Eine moderne Saatreinigungsanlage ist aber äußerst kostspielig. Ein einzelner kleiner Landwirt kann sie nicht bezahlen, und wenn er sie bezahlen kann, wird sie sich nicht rentieren, weil die zu verarbeitenden Mengen zu klein sind.

Wir müssen deshalb mit der Zeit dahin kommen, daß in den einzelnen Bezirken Saatreinigungsanlagen für die Allgemeinheit der Kleinbesitzer geschaffen werden, die sie im Lohnverfahren für sich in Anspruch nehmen können.

Auf gutem Wege ist in dieser Beziehung die Entwicklung im Freistaat Sachsen. Der Landeskulturrat unter Leitung von Geheimrat Andrä hat im Jahre 1922 aus den Überschüssen, die sich bei der Getreideumlage ergaben, den Genossenschaften für solche Reinigungsanlagen Zuschüsse gewährt bzw. Kredite eingeräumt. Eine kleine ländliche Genossenschaft in Kühren machte den ersten Versuch und stellte eine solche Reinigungsanlage zur Lohnarbeit für ihre Mitglieder auf. Die Genossenschaft machte ein gutes Geschäft und konnte auch ihrerseits die Verwendung guten Saatguts fördern: wenn nämlich ein Landwirt mit Getreide kommt, das er als Saatgut gereinigt haben will und das schon nach seiner äußeren Beschaffenheit als minderwertig bezeichnet werden muß, dann verwendet die Genossenschaft das Getreide anderweitig und gibt dem Landwirt unter entsprechender Verrechnung aus ihren eigenen gut gereinigten und hochwertigeren Beständen ab. Der Versuch hat sich bewährt und der Landeskulturrat in Sachsen wird deshalb in den nächsten Jahren diese Entwicklung weiter fördern.

Solange sich solche Reinigungsanlagen aber nicht überall finden, muß man in bezug auf die Anerkennung des ersten und zweiten Nachbaues bei bäuerlichen Besitzern eine gewisse Weitherzigkeit gelten lassen. Wir werden erleichterte Bestimmungen zu einer Saatkörung in bäuerlichen Betrieben aufstellen müssen, wie sie Weihenstephan heute schon in Bayern eingeführt hat.

Im übrigen müssen der Kreissaatbauverein und sein Zuchtinspektor darauf sehen, daß der Verein sich nur aus wirklich passionierten Landwirten zusammensetzt, selbst auf die Gefahr hin, daß im Anfang deren Zahl gering ist. Wie Dr. Bischof-Ebsdorf im Herbst 1922 in einem interessanten Vortrage über

Saatzuchtgenossenschaften treffend ausführte, bringt ein zu plötzlicher Zulauf zu einem neu gegründeten Verein leicht Rückschläge, weil eine Anzahl Mitläufer weder das auch in kleinen Betrieben erforderliche Kapital besitzt, noch die sorgsame Arbeit aufbringen will. Ist solch ein Kreissaatbauverein aber erst im richtigen Fahrwasser, dann werden sich bald überall dieselben erfreulichen Folgen wie in Bayern einstellen. Der kleine Besitzer wird dann auf die Anerkennung der Felder ebenso stolz sein, wie heute auf sein glattes, rundes Vieh im Stall.

Der kaufmännische Teil im Rahmen der Organisation des Saatgutbaues wird dann künftig auch mehr als bisher unsere Genossenschaften interessieren. Sie sind in erster Linie dazu berufen, die Beschaffung des Originalsaatgutes für die Saatbauvereine sicherzustellen. Wir haben heute nahezu überall leistungsfähige Ein- und Verkaufsgenossenschaften auf dem Lande, und wo sie nicht bestehen, können sie im Verein mit den wirtschaftspolitischen Vereinigungen und den Saatbauvereinen ins Leben gerufen werden. In Zukunft muß jeder Getreidespeicher einer Genossenschaft durch eine Saatreinigungsanlage ergänzt und das bereits geübte Tauschverfahren zu einem überall gepflegten Zweig des genossenschaftlichen Warenverkehrs ausgebildet werden.

Die Ziele, die wir uns im Saatbau und Vertrieb stecken müssen, sind klar. Der Weg aber, auf dem wir diese Ziele erreichen können, ist nicht leicht zu finden. Wer soll die Sache dem Bauern plausibel machen? Wer soll die Kosten der Organisation tragen?

Die Mitarbeit der freien Verbände.

Der Staat erscheint nicht geeignet, die vorbeschriebene Aufgabe erfolgreich durchzuführen. Dazu ist das Mißtrauen gegen seine Maßnahmen in der Landwirtschaft zu groß geworden, und selbst wenn eine verständige Regierung sich bemühen würde, die Aufgabe sinngemäß anzufassen, sie würde in der Durchführung durch Mißgriffe untergeordneter Organe unerwartete Hindernisse finden. Ist es doch vorgekommen, daß Mitteilungen in der Fachpresse über Sortenbauversuche bei einzelnen kleinbäuerlichen Landwirten von den Finanzämtern verwertet wurden, um den saatbautreibenden Landwirt unter Hinweis auf diese Mitteilungen „wegen höherer Erträge“ zu höheren Steuern heranzuziehen.

Kein Wunder, wenn die Bemühungen, kleinbäuerliche Besitzer zur Mitarbeit heranzuziehen, auf Widerstand stoßen, und selbst der, der für die Sache bereits eingetreten war, sich von weiterer Mitarbeit zurückzieht. Wir haben es aber erfreulicherweise nicht nötig, uns auf den Staat zu verlassen.

Die Organisationen, die die Gründung bäuerlicher Saatbauvereine durchführen können, ohne daß erhebliche Mittel aufgewendet werden, sind heute schon vorhanden. In Nordbayern haben die Genossenschaften, die ursprünglich nur für Ein- und Verkaufszwecke tätig waren, den Aufbau von Saatzuchtvereinen mit glücklichstem Erfolge in die Hand genommen. Und was in Bayern möglich ist, sollte auch in Norddeutschland durchführbar sein. Es müssen sich nur einige landwirtschaftliche Führer mit Energie dieser Sache annehmen. Im übrigen aber erscheinen gerade in Norddeutschland die wirtschaftspolitischen Vereinigungen der Landwirtschaft besonders geeignet, um auf die Masse der bäuerlichen Besitzer in dieser Beziehung einzuwirken.

Der Bauer ist von Natur kein Freund der Organisation. Jahrhundertelang lebte er in vielen Teilen des Reiches sogar in Einzelhöfen vom nächsten Nachbar örtlich getrennt. In allem, was seine Wirtschaft anbetrifft, war er stets auf sich allein angewiesen. Nur die äußerste Not bringt ihn dazu, seinen Widerwillen gegen die Organisation zu überwinden. Das ganze landwirtschaftliche Genossenschaftswesen hat sich erst entwickeln können, als wirtschaftliche Nöte dem Kleinbesitzer den Vorteil des Zusammenschlusses klarmachten. Viel später noch hat die wirtschaftspolitische Organisation eingesetzt. Erst der Druck der Caprivizeit löste in der deutschen Landwirtschaft die große Bewegung aus, in welcher der Bund der Landwirte entstand und in der die rheinisch-westfälischen Bauernvereine sich erheblich verstärken konnten. Einen neuen Anstoß erhielt die Bewegung durch den Zusammenbruch von 1918 und seine Folgen. Damals entstand die von klugen und energischen Führern geleitete und den neuen Verhältnissen in glücklicher Weise angepaßte Landbundbewegung. In vierjähriger Entwicklung ist der Reichslandbund zur stärksten landwirtschaftlichen Organisation Deutschlands geworden. Er hat im Laufe dieser Entwicklung zahlreiche alte Organisationen, die sein Programm annahmen, in sich aufgenommen und darf heute für sich in Anspruch nehmen, daß er das uneingeschränkte Vertrauen aller Mitglieder, ganz besonders aber der bäuerlichen Besitzer genießt. Seine stark dezentralisierte föderative Verfassung ermöglicht ihm, den verschiedenartigen örtlichen Verhältnissen sich weitgehend anzupassen, und da er in jedem Kreise einen selbständigen Vorstand mit selbständiger Geschäftsstelle und eigener Lokalpresse besitzt, ist es ihm gelungen, durch zielbewußte Interessenvertretung für jedes einzelne Mitglied sich allseitiges Vertrauen zu erwerben. Er ist in der Lage, das zu tun, wozu heute keine andere Organisation im gleichen Maße befähigt ist: in jedes einzelne Dorf und auf jeden einzelnen Hof im Wege der persönlichen Einwirkung neue Gedanken wirtschaftlicher und politischer Natur hinauszutragen.

In den ersten Jahren seiner Entwicklung war das Hauptkampfgebiet des Reichslandbundes die Befreiung der Landwirtschaft von den Fesseln der Zwangswirtschaft. Man wird erwarten dürfen, daß er künftig seine Kräfte produktiveren Zielen widmen kann. Das großzügige Hilfswerk für das Ruhrgebiet war in erster Linie sein Werk. Der Landbund hat hier gezeigt, welche Kräfte er mobil machen kann, wenn nur die rechte Parole gefunden wird. Immer wieder haben seine Führer betont, daß die Sicherstellung der Ernährung eins seiner Hauptziele ist, und darum muß man heute fordern, daß er in erster Linie sich einsetzt, um an der Organisation des Saatbaus gerade da mitzuwirken, wo der Staat und andere Organisationen bisher nichts Erhebliches leisten konnten: in der Einstellung des bäuerlichen Besitzes auf die Verwendung besseren Saatgutes. Der Landbund wird in erster Linie in der Lage sein, im Anschluß an seine Kreisorganisationen Saatbauvereine ins Leben zu rufen, weil er allein die Übersicht hat, welche Landwirte seines Kreises zur Mitarbeit im Anfange in Frage kommen. Als stärkstes Hilfsmittel im weiteren Ausbau dieser Gedanken steht ihm seine große einheitlich geleitete Presse zur Verfügung, die heute in einer Auflage von über einer Million im ganzen Deutschen Reiche erscheint. Die an früherer Stelle wiedergegebene Auffassung des Freiherrn von Richthofen, der Vorsitzender des Reichs-Landbundes ist, läßt die Hoffnung zu, daß der Reichs-Landbund dieser Aufgabe gerecht werden wird, wenn seine Führer die Parole dazu ausgeben.

---

7. Kapitel.

Zusammenarbeit von Staat, Organisationen und Züchtern.

Aber auch der Staat muß aus seiner bisherigen Reserve heraustreten.

In früherer Zeit hätte es vielleicht nur eines Wortes von oben bedurft, um allen Landräten die Bildung von Saatbauvereinen in jedem Kreise zur Ehrensache zu machen.

Heute muß man in Anpassung an die neuen Verhältnisse andere Wege gehen, auf denen private Initiative die Hauptrolle spielt. Der Staat muß dieser Privatinitiative die Wege ebnen und diejenigen Aufgaben übernehmen, deren Lösung ihm auch heute noch möglich ist.

Bei der außerordentlichen Wichtigkeit des Saatzuchtproblems könnte man fragen, ob nicht staatliche Zwangsmaßnahmen da und dort am Platze sind. Aber die Frage stellen heißt sie verneinen. Nur im freien Spiele der Kräfte wird deutscher Unternehmersinn uns weitere Erfolge bringen. Nur bei der durch die Verfassung gewährleisteten Freiheit des Gewerbes und auf der Grundlage der Freiwilligkeit der Leistung wird man ein Optimum der Produktion erreichen.

Von allen Wirtschaftszweigen ist die Landwirtschaft am wenigsten geeignet, sich bureaukratischem Zwange zu fügen. Der Betrieb der Landwirtschaft hängt so innig mit biologischen, geologischen und klimatischen Verhältnissen zusammen, daß er jeden Zwanges spottet. Der Mensch gewinnt einen Einfluß auf die Natur nur durch persönlichstes Eingehen und Einleben in ihre Verhältnisse, und jeder plötzliche Eingriff, jeder naturwidrige Zwang kann nur die Erfolge zerstören, niemals sie vergrößern. Das hat die Vergangenheit so sehr bewiesen, daß es sich erübrigt, ein weiteres Wort darüber zu verlieren.

Immerhin gibt es einzelne Gebiete, auf denen der Staat einen gewissen Druck anwenden kann, um die Pflanzenzüchtung und den Saatbau in volkswirtschaftlich günstigem Sinne zu beeinflussen. Mit allen Zwangsmaßnahmen sollte er aber so zurückhaltend wie möglich sein.

1. Der Staat ist selber der größte Großgrundbesitzer. Seine Domänen waren in Preußen zur Zeit Friedrichs des Großen und Friedrich Wilhelms I. Musterbetriebe. Sie sind es mehr oder weniger bis heute geblieben. Unter den bekannten Pflanzenzüchtern befinden sich eine ganze Anzahl Domänenpächter.

Es wird aber gut sein, wenn die Domänenverwaltung künftig im Interesse der Volksernährung als Pächter nur solche Landwirte zuläßt, die an einer landwirtschaftlichen Hochschule studiert haben und die eine längere Praxis in einer anerkannten Saatzuchtwirtschaft nachweisen können.

Weiterhin sind die Domänenpächter zu verpflichten, Versuchsfelder zur Verfügung zu stellen.

2. Durch starke Einfuhrzölle kann der Staat nach Bedarf dem Privatzüchter die Rentabilität für solche Saaten sichern, in denen wir noch keine genügende Eigenproduktion haben. Das trifft für einige Gemüsearten und Futterpflanzen zu.

3. Für spätere Zeit wäre ein Verbot der öffentlichen Ankündigung von solchem Saatgut denkbar, das nicht von den zuständigen Körperschaften anerkannt ist. Das heutige als „Handelsware" bezeichnete Saatgut, unter dem sich viel Schund befindet, würde dann aus dem öffentlichen Handel verschwinden.

Zuvor muß allerdings das Anerkennungswesen sich erheblich weiter durchgesetzt haben.

Dem Staate steht in seinen Behörden und dem gesamten Verwaltungsapparat, in seinen Instituten und insbesondere in dem ihm unterstellten Schulwesen ein reicher Schatz an Hilfsmitteln zur Verfügung. Macht er hiervon den rechten Gebrauch, so ist schon viel gewonnen. Bisher ist mancherlei verabsäumt. In der vom Preußischen Landwirtschaftsministerium vor dem Kriege letztmalig herausgegebenen Übersicht über die Tätigkeit der Preußischen Versuchsanstalten, einem recht dickleibigen Buch, ist die staatliche Tätigkeit auf dem Pflanzenzuchtgebiet auf dem Raum von noch nicht einer Seite abgetan.

Unter den hier genannten Zuchtobjekten findet man Kleegräser und Futterpflanzen, in denen wir zum Teil vom Auslande abhängig sind, überhaupt nicht. Der Etat des Landwirtschaftsministeriums von 1910 sieht für sämtliche Versuchsanstalten zusammen 700 000 Mark vor.

Im Sommer 1923 bestand Gefahr für das Fortbestehen des Forschungsinstitutes für Kartoffelbau in Dahlem. Diese Station, eine ursprünglich private Gründung, hat Hervorragendes für Kartoffelbau und Kartoffelzüchtung geleistet.

Im Kriege wurde die Anstalt der Kartoffelbaugesellschaft — sehr gegen ihren Willen — vom Reiche entzogen und als Staatsbetrieb weitergeführt. Wegen der schlechten Finanzlage des Reiches wurde dann im Sommer 1923 sämtlichen Angestellten der Station gekündigt, und es bedurfte des energischen Einspruchs der Landbundabgeordneten im Reichstag, um der wichtigen Anstalt das Leben zu erhalten.

Im preußischen Landwirtschaftsministerium war bis zum Jahre 1923 für den Dezernenten für Pflanzenzucht nur die Stelle eines wissenschaftlichen Hilfsarbeiters vorgesehen. So bewertete der Staat eines der wichtigsten Ämter in der landwirtschaftlichen Zentralbehörde.

Die geringe Fürsorge des Staates für die Pflanzenzucht steht in schroffem Gegensatz zu ihrer volkswirtschaftlichen Bedeutung. Der Staat hat hier einen schweren Organisationsfehler begangen. Demgegenüber wurde in den pflanzenzüchterischen Kongressen und Versammlungen in den Jahren vor dem Kriege als auch in der Literatur dieser Zeit immer wieder die Notwendigkeit und Wichtigkeit der Ernährung aus eigener Scholle betont. Es hat also an Anregung von privater Seite wirklich nicht gefehlt.

Auch das Ausland hat in dieser Beziehung erheblich mehr getan als Deutschland und besonders Preußen.

Begeisterte Verehrer der Svalöfer Pflanzenzucht haben dem Staate empfohlen, das Vorbild Schwedens nachzuahmen. Sie wurden zweifellos den deutschen Verhältnissen nicht gerecht. Svalöf hat den Saatguthandel in Schweden fast ganz monopolisiert. Hieran können wir kein Interesse haben; denn nahezu alles, was der Staat allein in die Hand nimmt, geht einen wirtschaftlich unglücklichen Weg. Wir brauchen trotzdem die staatliche Tätigkeit in den Pflanzenzuchtinstituten, aber die Neuzüchtung sollte sich auf diejenigen Gebiete beschränken, die bisher von der privaten Züchtung noch nicht ausreichend bearbeitet sind. Dazu gehört:

1. die Zucht von Klee und Gräsern und von Futterpflanzen, deren züchterische Bearbeitung kostspieliger und schwieriger ist als die des Getreides und die infolge der Konkurrenz des Auslandes nur selten eine privatwirtschaftliche Rente abwirft.

2. Des weiteren ist es wichtig, daß der Staat solche Pflanzen fremder Länder, die für uns zum Massenanbau geeignet erscheinen, durch Auslese und Neuzüchtung akklimatisiert und auf ihren assilimatorischen Effekt prüft. Die private Züchtung kann bei heutigen wirtschaftlichen Verhältnissen, solche Aufgaben, die eine Arbeit von Jahrzehnten ohne privatwirtschaftliche Rente fordern, nur ausnahmsweise durchführen.

3. Die dritte reine Zuchtaufgabe der staatlichen Institute liegt in der Zusammenarbeit mit den Saatzuchtvereinen, für die sie nach dem Beispiel von Weihenstephan und der Dresdener Pflanzenkulturanstalt den wissenschaftlich züchterischen Teil im Laboratorium und im Zuchtgarten zu übernehmen haben. Diese drei Gebiete werden gut und reichlich ausgestattete Pflanzenzuchtanstalten des Staates so ausgiebig beschäftigen können, daß sie den Privatzüchtern auf deren Spezialgebieten keinerlei Konkurrenz zu machen brauchen. Das sollten sie auch aus Gründen der Objektivität nicht tun, weil die Staatsinstitute in erster Linie berufen sind, die Aufgaben der Sortenprüfung zu bearbeiten. Sie werden sich dabei nicht nur darauf beschränken, die große Zahl neuer Sorten vorzuprüfen, sondern ihre wissenschaftlichen Leiter und Mitarbeiter werden im Rahmen der vorhererwähnten Versuchsringe und gemeinsam mit den Landwirtschaftskammern auch Hauptprüfungen für ihre Bezirke durchzuführen haben.

4. Den Instituten wird ferner auch die Statistik auf dem Gesamtgebiet der Pflanzenzüchtung, die heute noch sehr zerstreut und unvollständig ist, in die Hände gelegt werden können.

5. Ein neues und bedeutungsvolles Arbeitsfeld für die staatlichen Pflanzenzuchtanstalten erschließt sich neuerdings in den Heilpflanzen.

Die pharmazeutische Industrie ist mit vielen dieser Kräuter auf das Ausland angewiesen. Aber auf ihre Anregung hin sind bereits private Versuche im Gange, um diese pflanzlichen Rohstoffe im Inlande herzustellen. In der Provinz Brandenburg und einigen anderen Provinzen werden bereits eine Anzahl Heilkräuter gartenmäßig gebaut. Jedoch ist der privatwirtschaftliche Erfolg noch recht unsicher. Die Staatsanstalten finden hier eine dankbare Aufgabe. Gelingt der Versuch der Einbürgerung, so wird unsere führende Stellung in der Heilmittelindustrie weiter gestärkt und gesichert.

Endlich gibt es noch eine große Zahl reiner Forschungsaufgaben zu lösen, die als Selbstzweck für den praktischen Züchter kaum in Betracht kommen und die gerade deswegen in erster Linie Aufgabe der Staatsinstitute sind.

In dieses Gebiet gehört die Erforschung der Korrelationen und der Verkoppelung der einzelnen Erbeinheiten.

Man wird also fordern dürfen, daß der Staat seine Pflanzenzuchtinstitute so ausbaut, daß sie diesen Aufgaben gerecht werden können und daß an allen Universitäten, die eine landwirtschaftliche Professur haben, auch Pflanzenzuchtinstitute mit Versuchsfeldern entstehen.

Die aktive Mitwirkung der staatlichen Pflanzenzuchtinstitute ist künftig mehr als bisher durch verwaltungstechnische Maßnahmen zu ergänzen, die sich in erster Linie auf die Verbreitung hochgezüchteten Saatgutes erstrecken müssen. Die Frachtermäßigung für anerkannte Saaten, die der Staat bereits 1905 einmal bewilligt hatte, sollte schleunigst wieder eingeführt werden. Man sollte insbesondere den Bezug für den kleinbäuerlichen Besitzer dadurch erleichtern, daß man Stückgut zu dem gleichen Satz wie Wagenladungen und außerdem nach dem Ausnahmetarif für anerkanntes Saatgut befördert.

Zuchtprämien und die Frachtermäßigung für Ausstellungen werden weiterhin anregend wirken können. Wichtiger aber ist, daß auf steuertechnischem Gebiete in irgendeiner Form dem Saatgutzüchter Vorteile geboten werden. Man könnte daran denken, daß die mit Originalsaatgut bebauten Flächen bei der Einschätzung zur Grund-, Umsatz- und Einkommensteuer erhebliche Bevorzugungen genießen. Um Mißbräuche zu vermeiden, würde es genügen, wenn die Angaben nicht vom Steuerpflichtigen selber, sondern von der aufsichtführenden züchterischen Körperschaft den Finanzämtern gemacht werden. Wer in Steuerfragen praktisch arbeitet, der weiß, daß jeder Zensit mit allen berechtigten Mitteln danach strebt, sein Steuersoll herabzudrücken und Steuern zu sparen. Hier kann ein außerordentlich starker Anreiz zur Verwendung besseren Saatgutes geschaffen werden. Wenn der Fiskus sich von engherzigen Bedenken freimacht, wird er durch die Mehrproduktion an Gütern auf Umwegen reichlich für den Steuerausfall entschädigt. Derselbe Gedanke hat den sächsischen Landeskulturrat veranlaßt, Kostenzuschüsse zu den Reinigungsanlagen herzugeben, weil durch die Belebung der Wirtschaft solche werbende Anlage sich immer wieder bezahlt macht.

Zum Schluß sei noch des stärksten Einflusses gedacht, den der Staat auf geistigem Gebiete ausüben kann: indem er die Schule in den Dienst der Pflanzenzucht stellt. Bis jetzt unterrichtet die Schule zwar über das Linnésche System, über die Wichtigkeit des landwirtschaftlichen Pflanzenbaues gab sie aber keine Belehrung.

Erst in neuester Zeit wird die Aufklärung der bäuerlichen Besitzer mehr gepflegt. Zu erwähnen sind vor allem die von den Landwirtschaftskammern errichteten Winterschulen[1]), deren Besuch aber erheblich zu wünschen übrig läßt. Was die junge Generation heute in den Winterschulen, auf den Ackerbauschulen und landwirtschaftlichen Hochschulen lernt, das wirkt sich in den bäuerlichen Betrieben in der Hauptsache aber erst aus, wenn der Sohn die Wirtschaft vom Vater übernimmt, und das ist für Deutschland wahrscheinlich zu spät. Soll hier eine grundlegende Änderung eintreten, so wird man dem Beispiel von Dänemark und Holland folgen müssen, und „da der Bauer nicht zur Schule kommt, muß die Schule zum Bauern gehen“ [16]. Die mustergültigen Methoden, die Holland schon seit den neunziger Jahren aufgenommen hat, werden auch bei uns ihren Zweck nicht verfehlen. Leider stehen die deutschen Volksschullehrer heute vielfach mit de bäuerlichen Besitzern nicht auf allerbestem Fuße. Wo aber das Verhältnis gut ist, da sollte doch der Versuch gemacht werden, die Lehrer auf dem Lande in den Dienst der Aufklärung zu stellen. Werden dann noch Versuchsfelder nach holländischem Muster über das ganze Reich ausgedehnt, die — an verkehrsreichen Wegen und Knotenpunkten gelegen — durch ein großes Schild die Aufmerksamkeit des täglich vorbeigehenden Landwirts erregen, so wird der Einfluß etwa der gleiche sein, wie wir ihn bei der Organisation der Kreissaatbauvereine beschrieben haben: der Ehrgeiz wird geweckt, und an Ort und Stelle überzeugt sich der Landwirt davon, daß die eine Sorte für ihn besonders gut paßt und die andere weniger und daß sein eigenes Saatgut nur halb so viel leistet wie die Hochzucht.

Erst wenn sich in Zukunft draußen auf dem Dorfe praktische Demonstration und theoretische Belehrung ergänzen, wird es gelingen, auch den älteren bäuerlichen Besitzer zur Verwendung erstklassigen Saatgutes zu bekehren. Von der Belehrung des alten Bauern hängt aber eine rasche Steigerung der landwirtschaftlichen Produktion in erster Linie ab.

---

[1]) Heute allgemein „Landwirtschaftliche Schulen“.

Auch die Presse muß der Aufklärung dienen. Hoffnungsvolle Anfänge sind überall vorhanden. Es fehlt aber wiederum die große einheitliche Linie, wie sie z. B. in Amerika die vom Landwirtschaftsministerium herausgegebenen regelmäßigen Berichte („Farmers Bulletins“ und „Informations“) bieten. Zu begrüßen ist das Vorgehen der Brandenburgischen Landwirtschaftskammer, die seit dem Jahre 1923 die von ihr herausgegebene Zeitschrift „Der Märkische Landwirt“ jedem Landwirt kostenlos zustellt. Da diese Zeitschrift ganz ausgesprochen auf den Interessenkreis und die Wirtschaftsmöglichkeiten des Kleinbesitzers Rücksicht nimmt, darf man einen lebhaften Anstoß in der Richtung der Verbesserung des Pflanzenbaues erwarten. Andere Kammern, die gleichfalls über vorzügliche Zeitschriften verfügen, sollten bald den gleichen Weg gehen.

Damit kommen wir auf die Zusammenarbeit aller landwirtschaftlichen Körperschaften für die Organisation der Pflanzenzüchtung und des Saatbaus.

Der Prozeß der Züchtung veredelter Sorten, ihre Vermehrung, ihr Vertrieb und Verbrauch erfordert eine Zahl staatlicher und privater Einrichtungen zur Beaufsichtigung, Prüfung, Kontrolle und Förderung. Staat und landwirtschaftliche Organisation haben hier ein gemeinsames Tätigkeitsgebiet und müssen deshalb einander in die Hände arbeiten.

An der Neuzüchtung und Forschung arbeiten staatliche Institute, Landwirtschaftskammern, Züchterverbände und Zuchtvereine mit.

Die Prüfungen der neuen Zuchten werden von den gleichen Körperschaften vorgenommen, nur mit dem Unterschiede, daß die lokalen Hauptprüfungen in höherem Maße Aufgabe der Landwirtschaftskammern sind, während die Vorprüfungen von den öffentlichen Instituten und Körperschaften bearbeitet werden. Eine besondere Stellung nehmen die Hochzuchten ein, wie sie z. B. unter spezieller Aufsicht der Deutschen Landwirtschaftsgesellschaft betrieben werden und die nach besonders scharfer Prüfung in ein Hochzuchtregister dieser Körperschaft eingetragen werden. In dieses Hochzuchtregister, das seinerzeit auf einen Vorschlag von Rümkers geschaffen wurde, erfolgt eine Eintragung in der Regel erst nach dreijähriger Prüfung. Bei Kartoffeln sollen nach einem Beschluß der Hauptversammlung der Saatzuchtstelle vom Jahr 1923 nur krebsfeste Kartoffelsorten in das Hochzuchtregister eingetragen werden.

In Zukunft wird auch eine strenge Scheidung eintreten müssen zwischen denjenigen Stellen, die die Prüfung, Anerkennung und die Samenkontrolle durchführen, gegenüber den Stellen, die sich vor allem die Förderung des Vertriebes und die kaufmännische Interessenvertretung der züchtenden und saatbauenden Landwirte zur Aufgabe gemacht haben. Tatsächlich hat die Deutsche Landwirtschaftsgesellschaft schon seit längeren Jahren ihre den Vertrieb von Saaten vermittelnde Saatstelle von der die Zuchtkontrolle ausübenden Saatzuchtabteilung getrennt. Aus dem gleichen Grunde ist vielfach eine Trennung der kaufmännisch organisierten Saatbauvereine von den Landwirtschaftskammern eingetreten. Auch bei den Saatbauvereinen muß künftig der kaufmännische Betrieb von der Saatzuchtinspektion getrennt werden. Darüber hinaus müssen sämtliche Körperschaften durch Vereinbarungen eine stärkere Rationalisierung der gesamten Arbeit in die Wege leiten. Zu regeln sind insbesondere 1. die Richtlinien für die einzuschlagenden Zuchtwege und die im Interesse der Volkswirtschaft erwünschten Ziele, 2. die einheitliche Organisation und Arbeitsteilung in der Sortenprüfung und der Anerkennung, 3. die einheitliche Statistik und ihre Verwertung und Verarbeitung, 4. der einheitliche Ausbau eines pflanzenzüchterischen Pressedienstes, 5. Vorschläge für die beste Verwendung von Staatsgeldern und 6. Vorschläge für gesetzgeberische Maßnahmen zur Förderung der Pflanzenzucht.

In der folgenden Tafel ist der Versuch gemacht, diese gemeinsame Arbeit schematisch darzustellen.

Das Organisationsbild betont bewußt die zahlreichen Aufgaben, die einer gemeinsamen Bearbeitung bedürfen. In welcher Form diese gemeinsame Arbeit praktisch durchzuführen ist, möchte ich hier auf dem Papier nicht entscheiden. Es genügt mir, die Notwendigkeit solcher gemeinsamen Arbeit zu unterstreichen.

Denkbar wäre es, daß die Saatzuchtabteilung der Deutschen Landwirtschaftsgesellschaft von den in Betracht kommenden Stellen in freiwilliger Unterordnung mit der Bearbeitung betraut wird.

Einen anderen Weg zeigt uns Holland. Dort treffen sich alljährlich im Landwirtschaftsministerium alle an der Förderung der Landwirtschaft beteiligten Stellen bis herab zu den Wanderlehrern, um gemeinsam mit der Regierung zu beraten, wie die künftige Arbeit sich auf Grund der im letzten Jahr gemachten Erfahrungen weiter zu gestalten hat und was der Staat zur Förderung der Pflanzenzucht tun kann.

Schlußwort.

Das hier entworfene volkswirtschaftliche Zukunftsprogramm für Pflanzenzucht und Saatbau macht keinen Anspruch darauf, den einzigen Weg zur Ernährung Deutschlands aus eigener Scholle zu zeigen. Es sollte vielmehr einen besonders aussichtsreichen Weg in der Zusammenarbeit von Praxis, Wissenschaft, Verbänden und Staat zusammenhängend darstellen.

Überblick über die Organisation der Pflanzenzucht und des Saatbaues.

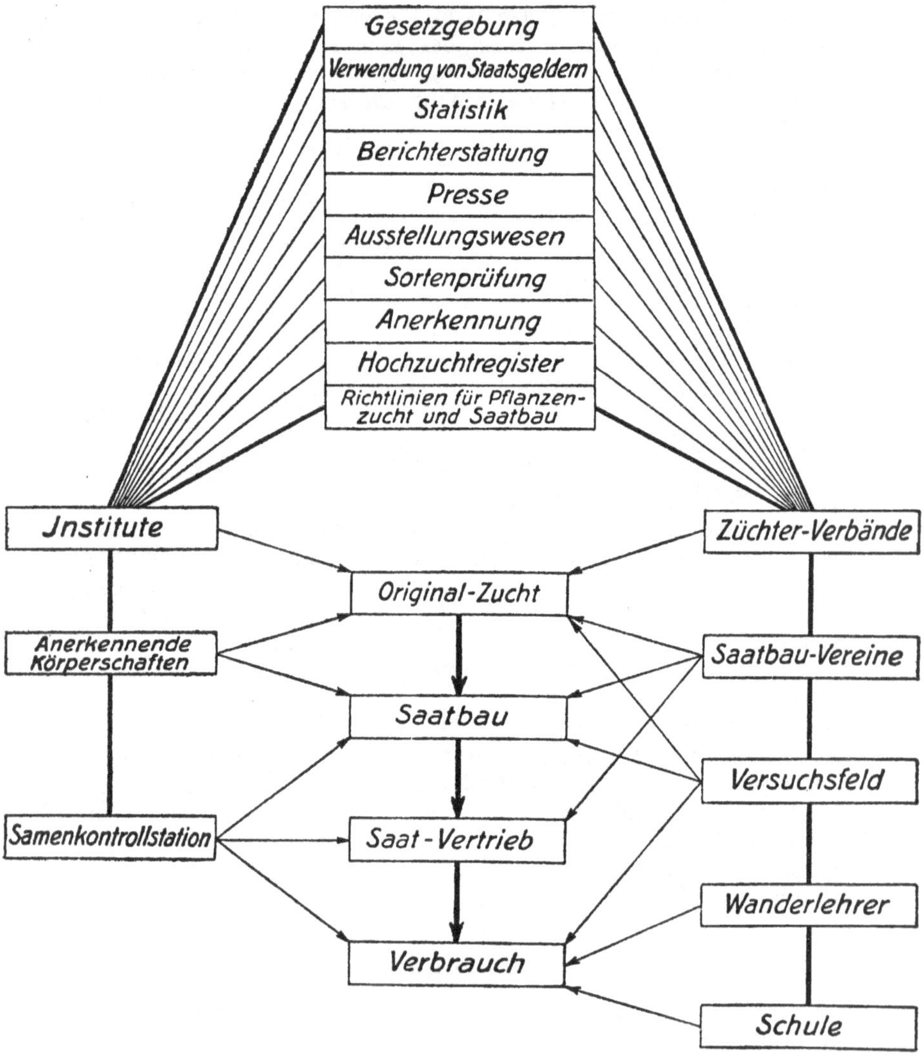

Alle Vorbedingungen für die Durchführung sind heute gegeben. Sonne und Regen sind trotz aller Launen des Barometers erheblich zuverlässigere Bundesgenossen als man gemeinhin annimmt. Sie können uns durch keine feindliche Einwirkung genommen werden.

An dem Tage, an dem die Wissenschaft die optimalen Sorten für jede Gegend bestimmt hat und in jedem Betriebe nur noch angekörte Saat gebaut wird, ist Deutschlands Ernährung gesichert.

Die dabei eintretende Verringerung der Einfuhr wird für unsere Währung von größtem Vorteil sein. Diese Wirkung wird durch den Export von Saatgut verstärkt.

Die Mehreinnahmen der Landwirtschaft befruchten den inneren Markt und fördern damit auch unsere Industrie. Die erforderliche Bearbeitung der höheren Erntemengen beeinflußt das Bevölkerungsproblem im günstigen Sinne. Es werden in der Landwirtschaft mehr Arbeitskräfte unterkommen, und das Zahlenverhältnis zwischen Stadt- und Landbevölkerung, das in den letzten zwanzig Jahren sich zum Nachteil der Landbevölkerung verschob, wird verbessert.

Auch mit schwachen Kräften kann man Siege erringen, wenn man die letzte Kraft an der entscheidenden Stelle einsetzt. Hierzu muß man sich rücksichtslos die erforderlichen Reserven schaffen. Dies gilt auch für das Wirtschaftsleben. Darum wird der Staat trotz aller finanziellen Schwierigkeiten schleunigst Mittel und Wege suchen müssen, um gemeinsam mit den Führern der deutschen Wissenschaft und der deutschen Landwirtschaft das Ernährungsproblem zu lösen.

FSC
www.fsc.org
MIX
Papier | Fördert gute Waldnutzung
FSC® C083411

Zeitfracht Medien GmbH
Ferdinand-Jühlke-Straße 7
99095 Erfurt, Deutschland
produktsicherheit@kolibri360.de